Hassan Mateka

Qualidade da Água e Macrobentos em Sistemas de Cultivo de Camarão Costeiro

Hassan Mateka

Qualidade da Água e Macrobentos em Sistemas de Cultivo de Camarão Costeiro

ScienciaScripts

Imprint

Cover image: www.ingimage.com

This book is a translation from the original published under ISBN 978-3-659-85167-4.

Publisher:
Sciencia Scripts
is a trademark of
Dodo Books Indian Ocean Ltd. and OmniScriptum S.R.L publishing group

120 High Road, East Finchley, London, N2 9ED, United Kingdom
Str. Armeneasca 28/1, office 1, Chisinau MD-2012, Republic of Moldova, Europe
Printed at: see last page
ISBN: 978-620-8-34821-2

ÍNDICE DE CONTEÚDOS

AGRADECIMENTOS

É com prazer que quero agradecer sinceramente às pessoas e organizações que me ofereceram toda a ajuda, conselhos, orientação e inspiração necessárias durante a realização do presente estudo. É difícil mencioná-los todos pelo nome, mas gostaria de dizer obrigado a todos.

Gostaria de expressar a minha gratidão ao Instituto de Ciências Marinhas (IMS), UDSM, através do Programa Bilateral de Ciências Marinhas Sida-SAREC (atualmente Sida), por ter fornecido o financiamento para este estudo. Os meus mais sinceros agradecimentos vão também para os meus supervisores, Dr. R. A. Tamatamah e Dr. M. S. Kyewalyanga, pelos seus valiosos conselhos e assistência material através de comentários úteis, orientação especializada e leitura muito útil e crítica do manuscrito, sem os quais não me teria sido possível dar à tese a forma atual. Os meus agradecimentos especiais vão também para o Prof. Y. D. Mgaya pelos seus conselhos e assistência na obtenção de uma autorização para efetuar esta investigação na exploração de camarões de Alphakrust, em Mafia.

Este trabalho teria sido impossível sem a ajuda de várias pessoas; desde a recolha, armazenamento e transporte de amostras até à análise. É-me impossível citar todas as pessoas que contribuíram para o êxito deste trabalho. Gostaria de expressar os meus sinceros cumprimentos e profunda gratidão ao Sr. Amos K. Lugata, o técnico de laboratório do Departamento de Ciências Aquáticas e Pescas (DASF), UDSM, pela sua generosa ajuda durante o trabalho de laboratório. Estou realmente grato a todos os outros membros do pessoal do DASF, especialmente ao Sr. Ismail Msagura e à Sra. Selina C. Mwiru.

Os meus sinceros agradecimentos vão também para o falecido Sr. Abdallah Nalyana (que Alá todo-poderoso tenha a sua alma em paz!) e para o Mzee Omari Ali, em Mafia, pela sua simpatia e disponibilidade para me receberem e me conduzirem ao local de amostragem. Gostaria também de expressar o meu sincero agradecimento ao Sr. Juma Bahati, do Ministério da Educação e da Formação Profissional, pela assistência em vários trabalhos informáticos. Nunca esquecerei o Sr. Muhaji S. Mateka por me ter fornecido um instrumento de trabalho necessário, um computador, durante a redação da minha tese.

O sucesso alcançado no decurso deste estudo foi também atribuído à cooperação/permissão concedida pela direção da exploração de camarões Alphakrust para a realização deste estudo nas suas instalações de criação de camarões situadas em Jimbo, na Ilha da Máfia. A Agência Meteorológica da Tanzânia (TMA) também forneceu dados de temperatura do ar e precipitação para a área de estudo durante o curso desta investigação. O seu apoio é reconhecido com gratidão.

Gostaria de expressar a minha sincera gratidão aos meus queridos familiares por terem suportado todos os inconvenientes durante a realização deste trabalho. Estou muito grato à minha mãe, Sra. Zainab A. Milembu, pelo seu afeto, amor, sacrifícios e bênçãos durante o meu estudo. Os meus devidos agradecimentos vão também para a minha mulher, Sra. Elina William Monyo, que, graças à sua incessante inspiração, apego e tolerância, me motivou para a conclusão deste trabalho. O meu mais sincero amor e agradecimento vão para os meus filhos Patrick e Samira Hassan Mateka. Sem o seu apoio, esta tese não teria visto a luz do dia. Estou grata a todos e a cada um dos meus familiares pelas valiosas orações, bênçãos, paciência, conselhos e encorajamento que me incentivaram a concluir este estudo com sucesso.

Por último, e mais importante, estou grato a Deus Todo-Poderoso, que me abençoou para encontrar soluções para ultrapassar circunstâncias difíceis, tendo em vista a conclusão bem sucedida deste trabalho.

DEDICAÇÃO

Esta tese é dedicada

Para

A alma do meu pai,

A minha querida mãe,

A minha mulher

Os meus filhos

e

Os meus familiares

Pelas suas orações, paciência, devoção e encorajamento ao longo de todo o tempo despendido na realização deste estudo.

LISTA DE ABREVIATURAS

EIA	Environmental Impact Assessment
NEMC	National Environmental Management Council
TCMP	Tanzania Coastal Management Partnership
DO	Dissolved oxygen
FAO	Food and Agriculture Organisation
mg/l	Milligram per litre
NTU	Nephelometric Turbidity Units
GWA	Government of Western Australia
EC	Electrical Conductivity
µS/cm	Microsiemen per centimeter
mS/cm	Millisiemen per centimeter
chl-*a*	Chlorophyll-*a*
mg/m^3	Milligram per cubic metre
µg/l	Microgram per litre
TSP	Triple Superphosphate
NPK	Nitrogen-Phosphorus-Potassium
AAHRI	Aquatic Animal Health Research Institute
FCR	Feed Conversion Ratio
CONAMA	Conselho Nacional do Meio Ambiente
ON	Organic Nitrogen
DIN	Dissolved Inorganic Nitrogen

µM	Micromole
DON	Dissolved Organic Nitrogen
PON	Particulate Organic Nitrogen
SR	Soluble Reactive Phosphorus
GAA	Global Aquaculture Alliance
TOC	Total Organic Carbon
BOD	Biological Oxygen Demand
TBM	Tanzania Bureau of Meteorology
EAMB	East African Meteorological Bureau
ITCZ	Inter-Tropical Convergence Zone
NE	North East
SE	South East
TMA	Tanzania Meteorological Agency
ST	Sampling station
LOI	Loss on ignition
OM	Organic Matter
psu	Practical Salinity unit
QS	Quotient of Similarity
ANOVA	Analysis of Variance
IMPS	Integrated Mariculture Pond Systems
TSS	Total Suspended Solids

RESUMO

Esta tese examinou a influência de um sistema semi-intensivo de produção de camarão costeiro na qualidade da água e nas comunidades de macro-invertebrados bentónicos no ecossistema recetor de efluentes na ilha de Mafia, na Tanzânia. Foram efectuadas amostragens mensais nos tanques de aquacultura e ao longo dos riachos de entrada e saída. As concentrações de DO, salinidade, NH4-N, NO2-N, PO4-P e TP nos tanques de aquacultura e as concentrações de NO3-N e TN no riacho de efluentes foram significativamente afectadas pelas actividades de criação de camarão. Não foram encontradas diferenças significativas nos valores de CE, pH, turbidez e clorofila a entre as estações de amostragem. Além disso, as variações de todos os nutrientes inorgânicos foram consideradas não significativas entre as estações seca e chuvosa. As concentrações da maioria dos nutrientes inorgânicos diminuíram a jusante do riacho de efluentes, o que implica a capacidade da água corrente nos mecanismos de auto-purificação dos poluentes. As fortes correlações positivas entre a CE e os nutrientes inorgânicos e a salinidade sugerem a fonte comum destes parâmetros, ou seja, a mineralização de materiais orgânicos. As variações na água dos poros dos sedimentos entre estações foram significativamente diferentes para o TN e não significativas para as concentrações de TP. A textura dos sedimentos foi dominada por partículas de areia com proporções variáveis de silte/argila. Um teor significativamente elevado de matéria orgânica no sedimento do riacho de entrada foi relacionado com a decomposição de restos de mangais.

Foi registado um total de 338 macro-invertebrados bentónicos pertencentes a dezassete famílias taxonómicas e dois grandes taxa de anelídeos e artrópodes nas estações de amostragem. O maior número de macro-invertebrados (294 indivíduos) foi registado no riacho do efluente, dos quais um grande número pertencia à família dos anelídeos. O riacho de entrada (estação de controlo) foi dominado principalmente por taxa locais do ecossistema do mangal, tais como crustáceos e gastrópodes, enquanto que os tanques de aquacultura registaram uma abundância negligenciável. A maioria dos índices de diversidade ecológica revelou diferenças não significativas entre as estações e entre as duas estações. As maiores e menores semelhanças de S0renson na composição de taxa foram registadas entre estações na ribeira de efluentes (QS=80%), e nas lagoas de aquacultura e ribeira de efluentes (QS=18,18%), respetivamente. As variações espaciais nos índices de diversidade e semelhanças foram determinadas principalmente por diferenças na textura do sedimento e no conteúdo de materiais orgânicos entre as estações. Este estudo revelou uma deterioração insignificante dos parâmetros de qualidade da água e dos sedimentos, uma vez que a maioria dos valores se situa dentro dos limites aceitáveis para a proteção dos ecossistemas costeiros. No entanto, a ocorrência de taxa tolerantes à poluição, tais como poliquetas, e o desaparecimento de taxa sensíveis à poluição, incluindo crustáceos, ao longo do riacho de efluentes é uma indicação ou sinal clássico de um potencial estado ecologicamente insalubre que começa a desenvolver-se na área devido às actividades de criação de camarão. Assim, estes dados preliminares recomendam a realização de mais estudos, a fim de se dispor de conhecimentos suficientes para identificar e resolver os problemas ambientais relacionados com o desenvolvimento da aquicultura marinha costeira.

CAPÍTULO 1 INTRODUÇÃO

1.1 Introdução geral

medida que a população mundial continua a expandir-se, a necessidade de alimentos ricos em proteínas também aumenta. É provável que esta procura não seja satisfeita pela produção animal e pela pesca de captura, que estão a ser exploradas para além dos limites sustentáveis. A aquicultura é outra fonte para satisfazer a procura crescente de alimentos para consumo humano (Boyd, 2003; Pulatsü *et al.*, 2004; FAO, 2010). O termo aquacultura descreve todas as actividades que envolvem a produção de organismos aquáticos em condições controladas (Cowx, 1992). A criação de organismos marinhos (incluindo peixes, moluscos, crustáceos e plantas marinhas), também tem sido reconhecida como um dos instrumentos mais importantes para o crescimento económico nas zonas costeiras em todo o mundo. A expansão da aquicultura marinha (maricultura) resulta no fornecimento de alimentos, no aumento do rendimento, do emprego e das receitas em divisas nos países em desenvolvimento (Pulatsü *et al.*, 2004; FAO, 2010). Ecologicamente, a maricultura pode desempenhar um papel importante no repovoamento de recursos naturais sobre-explorados e também serve espécies ameaçadas (Beveridge *et al.*, 1997; Bryceson, 2002).

As operações de maricultura utilizam recursos do ambiente costeiro, pelo que se pode encontrar uma diversidade significativa nos vários sistemas de aquicultura com base na intensidade de utilização de recursos como a terra, a água, as sementes, as rações e os fertilizantes. Por conseguinte, os três sistemas básicos de produção aquícola baseados na intensidade da produção são

(i) Aquicultura extensiva, para cultura de organismos em baixas densidades, dependente da produtividade natural para alimentação e, por vezes, auxiliada pela fertilização do substrato;

(ii) Aquicultura semi-intensiva, para organismos cultivados em densidades mais elevadas (do que na cultura extensiva), e dependente da combinação de alimentos naturais e alimentos artificiais suplementares, fertilizantes inorgânicos ou outros recursos residuais, bem como da troca frequente de água;

(iii) Aquicultura intensiva, para organismos cultivados em altas densidades e dependentes de alimentação artificial (Cowx, 1992).

Por outro lado, a indústria de criação de camarão marinho é frequentemente acusada de graves ameaças aos sistemas ecológicos locais, tais como o esgotamento extensivo da floresta de mangue para a construção de tanques, aumentos significativos nos níveis de nutrientes, biomassa de fitoplâncton, matéria orgânica e sólidos em suspensão no ambiente que recebe os efluentes da fazenda (Paez-Osuna, 2001; Islam *et al.*, 2004; Vagus-Machuca *et al.*, 2008). O excesso de rações, fertilizantes e resíduos metabólicos dos animais de criação são algumas das principais fontes dos materiais acima mencionados nos efluentes da aquacultura (Alvarado, 1997; Samocha e Lawrence, 1997; Pulatsu *et al.*, 2004). Além disso, afirma-se que a cultura do camarão também contribui para a introdução de espécies exóticas invasoras e para a propagação de doenças às populações nativas (Paéz-Osuna 2001; Boyd e Green, 2002). No entanto, o impacto dos efluentes nos ecossistemas adjacentes é variável e depende de vários factores, incluindo a magnitude da descarga, a sua composição química e as caraterísticas específicas do ambiente que recebe a descarga, tais como a circulação e as taxas de diluição (Wu *et al.*, 1994; Pàez-Osuna 2001; Biao *et al.*, 2004; Barraza-Guardado *et al.*, 2013).

A indústria da aquacultura costeira de camarão na Tanzânia está ainda na sua infância e é pequena, com apenas uma exploração comercial de camarão; o projeto de camarão da Ilha de Mafia está atualmente em funcionamento. Um projeto integrado de aquicultura de camarão na ilha de Mafia, com cerca de 200 hectares de dispersão de água (WSH) e implementado em duas fases a partir de 2002, é um sistema de aquicultura semi-intensivo e a sua produção é efectuada em tanques. A ração aplicada neste sistema de produção é geralmente rica em compostos de azoto e fósforo (Lin *et al.*, 1996; Samocha e Lawrence, 1997), e a água rica em nutrientes (efluente) é descarregada destes tanques de camarão para os ecossistemas costeiros como parte da troca de água. A água dos tanques do projeto de camarão da Ilha de Mafia é também descarregada desta forma durante a colheita para a Baía de Kirongwe. Do mesmo modo, a implementação da criação comercial de camarão costeiro na Ilha de Mafia causou uma destruição substancial do ecossistema natural de mangais na baía (observação pessoal).

Embora os efeitos ambientais e ecológicos adversos da criação comercial de camarão costeiro tenham sido objeto de atenção crescente em todo o mundo (Beveridge *et al.*, 1997; Samocha e Lawrence, 1997; Paez-Osuna, 2001; Barraza-Guardado *et al.*, 2013), que eu saiba, nenhum estudo foi feito na Tanzânia para caraterizar os efeitos da cultura de camarão em áreas nas imediações das fazendas de camarão. O presente estudo; portanto, teve como objetivo examinar a influência da produção comercial de camarão costeiro de gestão semi-intensiva nas caraterísticas físico-químicas e biológicas da água sedimentar nas proximidades do Projeto de Aquicultura da Ilha da Máfia. Assim, a fim de cumprir os objectivos do estudo, foram focadas as seguintes variáveis: temperatura da água, pH, oxigénio dissolvido, salinidade, turbidez, concentrações de azoto amoniacal, azoto nitrito, azoto nitrato, fósforo fosfatado, azoto total, fósforo total, clorofila *a*, teor de matéria orgânica do sedimento e alterações no conjunto de macro-invertebrados bentónicos. Estes parâmetros foram determinados em três partes principais do sistema de aquacultura de camarão da ilha da Máfia: o riacho de entrada, os tanques de aquacultura e o riacho de efluentes.

1.2 Declaração do problema de investigação

Apesar dos inegáveis benefícios da aquicultura com o fornecimento de alimentos de qualidade e acessíveis para a população, geração de empregos e aumento da renda inclusive, a atividade é uma das mais criticadas em todo o mundo, principalmente devido aos seus impactos no meio ambiente (Boyd, 2003). Tais impactos incluem aumentos significativos nos níveis de nutrientes inorgânicos, matéria orgânica e sólidos em suspensão no ambiente que recebe os efluentes da fazenda. Estas condições conduzem normalmente a várias consequências ecológicas, como a diminuição da concentração de oxigénio, estimulando a proliferação de algas e a alteração da composição das espécies e/ou a redução da biodiversidade (Pulatsü *et al.*, 2004). Assim, nos últimos anos, os efeitos do desenvolvimento da aquicultura nos ecossistemas costeiros imediatos têm sido objeto de uma preocupação crescente, com vista a estabelecer uma melhor regulamentação do sector, bem como a evitar danos ambientais e o colapso do processo de produção.

Estudos realizados no México mostraram que os efluentes de fazendas de camarão que chegam à baía de Bahia de Kino têm maior concentração de sólidos suspensos totais (SST), matéria orgânica particulada (POM), biomassa de fitoplâncton e bactérias do que o local de controle (Barraza- Guardado *et al.*, 2013). Do mesmo modo, os estudos de Bui *et al.* (2012) no Vietname e de Biao *et al.* (2004) na China mostraram concentrações elevadas de nutrientes inorgânicos em riachos costeiros. No entanto, Rajasegar (2003) na Índia observou que as descargas das fazendas de camarão não causaram nenhum impacto significativo na qualidade da água, indicando que o nível de atividade agrícola não ultrapassou a capacidade de carga do estuário.

Assim, um grande número de informações provenientes de países de clima temperado (por exemplo, Cancemi *et al.*, 2003; Samocha *et al.*, 2004) fornece os impactos ambientais esperados da aquicultura comercial de camarão nos ecossistemas costeiros receptores de efluentes. No entanto, existe pouca informação sobre os trópicos. Tanto quanto sei, nenhum estudo tentou avaliar o efeito da aquicultura comercial de camarão gerida de forma semi-intensiva nas caraterísticas físico-químicas e biológicas da água sedimentar nos ecossistemas costeiros existentes na Tanzânia. A infância da indústria poderá ser um dos principais factores para a falta de informação que caracterize a dinâmica dos nutrientes e a estrutura dos macro-invertebrados bentónicos nas proximidades das zonas costeiras de aquacultura de camarão. A maior parte dos estudos realizados na Tanzânia, por exemplo, deriva mais frequentemente de estudos de base de avaliação do impacto ambiental (AIA) de projectos de aquacultura costeira (NEMC, 1997) e das diretrizes existentes para o desenvolvimento da aquacultura costeira (TCMP, 1999). Além disso, os estudos disponíveis sobre a aquicultura em tanques centram-se na qualidade da água nos próprios tanques de sistemas de piscicultura marinha geridos extensivamente (Mmochi e Mwandya, 2003; Kyewalyanga e Mwandya, 2004; Mirera, 2011). No entanto, esses estudos não abordaram as caraterísticas físico-químicas e biológicas da água sedimentar dos ecossistemas costeiros receptores de efluentes.

Por conseguinte, à luz do rápido desenvolvimento da aquicultura costeira na Tanzânia (Bryceson, 2002; Eklof *et al.*, 2005), existe uma necessidade urgente de realizar estudos que estabeleçam uma ligação entre as actividades no local da exploração costeira de camarão e os seus impactos nos sedimentos e na qualidade da água dos sistemas que recebem os efluentes da exploração. Em particular, este estudo teve como objetivo determinar a influência da criação costeira de camarão, gerida de forma semi-intensiva, nas caraterísticas físico-químicas e biológicas do sedimento e da água na área circundante do Projeto de Aquacultura da Ilha da Máfia. Estes estudos são necessários para reforçar os contributos positivos que a cultura do camarão e outras formas de aquicultura costeira podem dar para o crescimento económico e a redução da pobreza nas zonas costeiras, controlando simultaneamente os impactos ambientais e sociais negativos que podem resultar de desenvolvimentos mal planeados e regulamentados. Além disso, foi demonstrado que cada área em desenvolvimento aquícola requer o seu próprio estudo local, uma vez que o impacto dos efluentes aquícolas nos ecossistemas adjacentes é variável e depende de vários factores. Esses factores incluem a capacidade de produção da exploração e, consequentemente, a magnitude da descarga de efluentes; o nível de alimentação e a composição da ração que, por sua vez, determinam a composição química dos efluentes e as caraterísticas do ambiente que recebe a descarga, tais como as taxas de circulação e de diluição (Wu *et al.*, 1994; Pàez-Osuna 2001).

1.3 Objectivos do estudo

1.3.1 Objetivo principal

O principal objetivo do presente estudo foi determinar as influências das cargas de efluentes de uma exploração comercial de camarão costeiro de gestão semi-intensiva nas caraterísticas físico-químicas da água e na estrutura dos macro-invertebrados bentónicos no ecossistema costeiro recetor de efluentes nas imediações do sistema de aquicultura da Ilha da Máfia.

1.3.2 Objectivos específicos

Para atingir o objetivo principal acima referido, o presente estudo tinha os seguintes objectivos específicos

i. Determinar as variações espácio-temporais dos parâmetros de qualidade da água: oxigénio dissolvido (OD), turvação, salinidade, condutividade eléctrica (CE), pH e *clorofila-a* da coluna de água em função das práticas de gestão no sistema de aquicultura de camarão da ilha Mafia.

ii. Determinar as alterações espácio-temporais na concentração de nutrientes inorgânicos dissolvidos (compostos de N e P) na coluna de água em função dos factores de produção aplicados (rações e fertilizantes químicos) no sistema de aquacultura de camarão da Ilha Mafia.

iii. Examinar as variações das cargas de azoto total (TN) e de fósforo total (TP) na água dos poros dos sedimentos e o teor de matéria orgânica dos sedimentos (SOM) em função das práticas de gestão no sistema de aquicultura de camarão da ilha Mafia.

iv. Determinar as variações espácio-temporais da estrutura da comunidade de macro-invertebrados bentónicos em função da textura dos sedimentos, do teor de matéria orgânica e das perturbações mecânicas no sistema de aquicultura de camarão da Ilha Mafia, na Tanzânia.

1.4 Hipóteses de estudo

Os objectivos deste estudo foram atingidos através do teste das seguintes hipóteses:

i. Existe uma relação significativa entre as variações espácio-temporais dos níveis dos parâmetros de qualidade da água e as práticas de gestão das explorações de camarão no sistema de aquacultura da Ilha da Máfia.

ii. A aplicação de alimentos artificiais e de fertilizantes químicos tem uma influência significativa nas variações espácio-temporais das concentrações de nutrientes inorgânicos dissolvidos na coluna de água nas proximidades do sistema de aquicultura de camarão da ilha Mafia.

iii. As práticas de gestão do sistema de aquacultura de camarão da Ilha da Máfia têm uma relação significativa com as variações das cargas de TN e TP do sedimento poroso e do teor de MOS.

iv. A textura do sedimento, o teor de matéria orgânica e as perturbações mecânicas têm uma relação significativa com as variações espácio-temporais da estrutura da comunidade de macro-invertebrados bentónicos no sistema de aquicultura da Ilha da Máfia.

1.5 Importância do estudo

Uma melhor compreensão dos efeitos ecológicos dos poluentes e da forma como estes variam em função dos factores ambientais e das práticas agrícolas melhorará a nossa capacidade de detetar e atenuar os impactos das actividades antropogénicas nos ecossistemas marinhos. Deste modo, os conhecimentos resultantes deste estudo permitirão sensibilizar o público para as potenciais ameaças graves que o sector representa para os sistemas ecológicos locais. Além disso, contribuiria para um conjunto de informações de base importantes para a proteção do ambiente, a gestão e o desenvolvimento sustentável da aquicultura marinha na Tanzânia e, provavelmente, em toda a região da costa oriental africana. Do mesmo modo, espera-se que os resultados deste estudo acrescentem informações úteis sobre as quais possam ser efectuados outros estudos para avaliar os impactos ambientais do desenvolvimento da aquicultura costeira comercial na região. Além disso, os dados de base gerados por este estudo contribuiriam para o desenvolvimento de um sistema de apoio à tomada de decisões e ao planeamento adequados por parte dos decisores políticos e das autoridades de licenciamento ambiental, como a NEMC, na orientação e regulamentação do desenvolvimento da aquicultura comercial costeira na Tanzânia.

1.6 Revisão da literatura

A produção de animais aquáticos de cultura depende da disponibilização e fornecimento de nutrientes, quer diretamente sob a forma de organismos alimentares, alimentos compostos para peixes, também conhecidos como rações para peixes, quer indiretamente sob a forma de fertilizantes. A utilização de nutrientes na aquicultura melhora a produção primária do sistema e o crescimento dos animais cultivados. No entanto, as explorações aquícolas emitem uma quantidade considerável de nutrientes e partículas sob a forma de alimentos não consumidos e de resíduos urinários e fezes no fundo do mar adjacente que recebe os efluentes da cultura (Alvarado, 1997; Samocha e Lawrence, 1997; Matute, 2010). Altas taxas de deposição de resíduos nos sedimentos podem levar à acumulação de matéria orgânica que, quando ultrapassa a capacidade de assimilação do sedimento, pode resultar na formação de tapetes bacterianos anaeróbicos e condições anóxicas. Condições anaeróbias extremas dão origem à produção de sulfureto de hidrogénio. Sabe-se que tais condições afectam o ecossistema aquático, alterando a qualidade dos sedimentos e a estrutura da comunidade bentónica (Wu *et al.*, 1994; Grall e Chauvaud, 2002; Boyd, 2003; Tacon e Forster, 2003). Do mesmo modo, o aumento da libertação de nutrientes dissolvidos, particularmente compostos contendo azoto inorgânico (N) e fósforo (P), pode contribuir para condições que resultam em florescimentos de fitoplâncton (eutrofização) nas águas receptoras. Assim, os efluentes não tratados ricos em nutrientes provenientes da piscicultura no ambiente imediato têm sido objeto de uma preocupação crescente relativamente ao seu impacto ambiental nos últimos anos (Alvarado, 1997; FAO, 2004; Yokoyama *et al.*, 2006).

As rações comerciais formuladas e os fertilizantes são as principais fontes de nutrientes, principalmente compostos contendo azoto e fósforo, e cargas particuladas nos efluentes da aquicultura que enriquecem a água e os sedimentos subjacentes (Alvarado, 1997; Samocha e Lawrence, 1997; Matute, 2010). O grau de impacto dos resíduos de efluentes de cultura é, no entanto, variável e depende principalmente do tipo e escala de operação ou da magnitude da descarga, das espécies, do tipo de alimentação, bem como da natureza do local, como a topografia e o regime de troca de água (Wu, 1995; Lin *et al.,* 1996; Pàez-Osuna 2001). A troca de água é utilizada para escoar os nutrientes e o fitoplâncton dos tanques de aquacultura, a fim de evitar a proliferação excessiva de fitoplâncton. Remove os resíduos metabólicos tóxicos, como o amoníaco, e dilui a água do tanque para que a salinidade não se torne excessiva (Lemonnier e Faninoz, 2006).

1.6.1 Aquacultura costeira e parâmetros de qualidade da água

A qualidade da água é definida em termos das caraterísticas físicas, químicas, biológicas e estéticas de uma massa de água, que determinam a sua adequação para um determinado fim (Boyd e Pilai, 1984). A informação sobre as alterações da qualidade da água nas zonas costeiras é uma componente importante para as actividades de monitorização e gestão relacionadas com a utilização dos solos, a fim de detetar as alterações naturais e sazonais nas águas costeiras e de identificar as alterações provocadas por factores antropogénicos. Os constituintes utilizados para descrever a qualidade da água, tais como os nutrientes dissolvidos, a *clorofila-a*, a salinidade, o pH e a carência bioquímica de oxigénio, fornecem uma panorâmica das tendências existentes em matéria de qualidade ambiental num determinado local e momento (Iqbal *et al.*, 2004). Uma boa qualidade da água de um determinado local, como uma zona costeira, é geralmente caracterizada por oxigénio adequado e níveis limitados de metabolitos. Nos sistemas costeiros marinhos, pode haver muitos factores que determinam a variabilidade das caraterísticas da qualidade da água, incluindo a ressurgência, a entrada do rio e a ressuspensão/remineralização de sedimentos sob a influência das estações e das localizações geográficas (Àlvarez-Góngora e Herrera-Silveira, 2006; Chang *et al.*, 2009). Na maioria dos casos, porém, a qualidade da água de uma determinada zona costeira altera-se com as actividades humanas, como a agricultura intensiva, a piscicultura e as descargas de águas residuais industriais e municipais (Vargas-Machuca *et al.*, 2008; Muylaert *et al.*, 2009).

Nos sistemas de piscicultura marinha, os alimentos não consumidos, as fezes e outros resíduos metabólicos aumentam as concentrações de nutrientes nos tanques e nas águas costeiras que recebem os efluentes. Também estimulam o crescimento do fitoplâncton e aumentam a procura bioquímica de oxigénio no sistema aquático recetor, bem como se acumulam no sedimento subjacente (Paez-Osuna, 2001; Yokoyama, 2002; Biao *et al.*, 2004; Chang *et al.*, 2009). Efluentes de viveiros de camarão são tipicamente enriquecidos com nutrientes, especialmente nitrogênio e fósforo, e eles têm altas concentrações de matéria orgânica particulada resultante de plâncton vivo e plâncton em decomposição (Boyd e Green, 2002; Muylaert *et al.*, 2009; Matute, 2010). No entanto, estas condições dependem de uma série de factores, incluindo a densidade populacional, a taxa de alimentação, a taxa de troca de água e o arejamento (Alvarado, 1997; Grall e Chauvaud, 2002; Pulatsü *et al.*, 2004).

No entanto, o efeito no ambiente costeiro recetor depende principalmente da produção anual de peixe, da área e da profundidade da massa de água recetora, do tempo de residência da água e da capacidade de descarga (Paez-Osuna, 2001; Grall e Chauvaud, 2002; Cancemi *et al.*, 2003). A magnitude dos impactos causados pelos efluentes da aquicultura no meio aquático recetor pode ser significativamente reduzida através de: melhorias na qualidade da ração, eficiência alimentar e captura e manuseamento eficazes dos sólidos por decantação ou filtração (Jirsa *et al.*, 1997; Yeo *et al.*, 2004).

De acordo com a descrição anterior, as variáveis de qualidade da água mais importantes nos efluentes da cultura de camarão são as mais susceptíveis de causar a deterioração das condições nos ecossistemas costeiros. Por essa razão, os principais parâmetros físico-químicos a ter em conta nos sistemas de cultura devem incluir a temperatura da água, o oxigénio dissolvido, a salinidade, a condutividade eléctrica, o pH, a turvação, a *clorofila-a* e os nutrientes inorgânicos dissolvidos, principalmente o azoto e o fósforo (Boyd e Green, 2002).

1.6.1.1 Oxigénio dissolvido

O oxigénio dissolvido (OD) é provavelmente um dos parâmetros químicos mais importantes que influenciam a vida no ambiente aquático (Boyd e Pillay, 1984) e também um fator determinante da qualidade da água de um ecossistema aquático (Abowei, 2010; Sharma e Capoor, 2010). Normalmente, encontra-se um DO elevado em zonas não poluídas, enquanto em zonas poluídas os níveis de DO são muito baixos (Mishra *et al.*, 2008). As principais fontes de DO no ambiente aquático incluem a fotossíntese das algas, a aeração mecânica na interface ar-água pelo vento ou por sistemas de aeração e a absorção direta do ar para a água. As suas perdas incluem a respiração dos organismos aquáticos, a decomposição e a mineralização de materiais orgânicos, bem como as perdas para a atmosfera (Pandey e Malik, 2008; Abowei, 2010; Turkoglu, 2010). Além disso, no contexto da aquicultura, as flutuações das concentrações de oxigénio dissolvido dependem da fotossíntese e da respiração de todos os organismos presentes, da temperatura e salinidade da água e da decomposição da matéria fecal e dos alimentos não consumidos (Manna *et al.*, 2003; Sara, 2007; MacGibbon, 2008).

A solubilidade do oxigénio na água depende de alguns factores importantes, como a temperatura, a salinidade, a pressão e a turbulência na água causada pelo vento, a corrente e as ondas (Damotharan *et al.*, 2010; Turkoglu, 2010). O aumento da temperatura e da salinidade da coluna de água resulta geralmente em concentrações relativamente baixas de DO (Sujatha *et al.*, 2009; Prasanna e Ranjan, 2010). Em geral, é necessária uma concentração de DO de pelo menos 3 mg/l para a criação de camarão marinho (Ferreira *et al.*, 2011), enquanto Boyd e Green (2002) recomendaram uma concentração de DO de 5-6 mg/l como níveis mínimos para a proteção dos ecossistemas aquáticos. Baixos níveis de DO; hipoxia ou anoxia na coluna de água e sedimentos podem causar condições desfavoráveis que podem reduzir a biomassa de macro-invertebrados, abundância e composição de espécies (FAO, 1992; Grall e Chauvad, 2002; Yokoyama, 2002).

1.6.1.2 pH da água

O pH de uma solução representa um índice da acidez e da alcalinidade de uma massa de água numa escala que vai de quase 0 (mais ácido) a 14 (mais alcalino) (Buttner *et al.*, 1993). O pH da água tem um efeito marcante no crescimento e na sobrevivência dos organismos aquáticos, uma vez que regula a disponibilidade de nutrientes para o fitoplâncton; controla as funções metabólicas dos organismos (Lalli e Parsons, 1995; Abowei, 2010; Manikannan *et al.*, 2011). Regula a toxicidade de algumas substâncias dissolvidas, que afectam os organismos aquáticos, como a amónia, o sulfureto de hidrogénio e os metais pesados (Samocha *et al.*, 2004; Sara 2007). O valor do pH da água é também um indicador da qualidade da água e da extensão da poluição numa massa de água. As massas de água não poluídas apresentam normalmente um pH quase neutro ou ligeiramente alcalino (Lam, 2000). Os valores de pH aceitáveis para ecossistemas estuarinos e marinhos saudáveis devem variar entre 6,0 e 9,0 (Boyd e Green, 2002; Boyd e Pillai, 1984; Boyd, 2003).

Como observado por Lam (2000), a água do mar natural é geralmente alcalina com pH na faixa de 7,228,59. Mudanças na temperatura, salinidade, actividades biológicas, diluição da água do mar por afluxo de água doce, decomposição de matéria orgânica e descarga de ácidos e efluentes alcalinos podem alterar significativamente os níveis de pH na água do mar (Manna *et al.*, 2003; Damotharan *et al.*, 2010; Kumara e Kumar, 2011). Além disso, os insumos de cultura, como o calcário agrícola em tanques de aquicultura, controlam os níveis de pH na maioria das instalações de aquicultura (Johnston *et al.*, 2002; Alam e Al-Hafedh, 2006; Sara, 2007; Bui *et al.*, 2012). No entanto, a causa mais comum do baixo pH da água é o solo de fundo ácido, enquanto o pH elevado é causado pela alta taxa de fotossíntese por densas florescências de fitoplâncton (Devi *et al.*, 2012).

1.6.1.3Salinidade

A salinidade é a concentração total de iões eletricamente carregados dissolvidos na água (Boyd e Pillai, 1984; Buttner *et al.*, 1993; Deekae *et al.*, 2010). A salinidade varia em diferentes ecossistemas de acordo com a topografia, as marés (alta e baixa) e o influxo de água doce (Satheeshkumar e Khan, 2009). A salinidade é importante porque afecta as condições químicas da água do mar, nomeadamente os níveis de oxigénio dissolvido. A solubilidade do oxigénio dissolvido diminui com o aumento da salinidade. As grandes flutuações da salinidade podem também atuar como um stress fisiológico e resultar em alterações na composição, distribuição e abundância das espécies na água do mar (Teske e Wooldridge, 2003). Em ambientes de aquicultura marinha, a salinidade é amplamente influenciada pela evaporação, precipitação, o influxo de água doce da terra durante a estação chuvosa e sua hidrodinâmica (Guerrero-Galvan *et al.*, 1999; Chagas e Suzuki, 2005; Damotharan *et al.*, 2010). No entanto, a água nos viveiros de camarão e a água efluente dos viveiros é caracterizada por uma salinidade ligeiramente superior, resultante principalmente das altas taxas de evaporação e da aplicação de agroquímicos (Guerrero-Galvan *et al.*, 1999; Samocha *et al.*, 2004; Kumar *et al.*, 2012).

1.6.1.4Turbidez

A turbidez da água refere-se à quantidade de material em suspensão, que interfere com a penetração da luz na coluna de água e é normalmente registada em unidades nefelométricas de turbidez (NTUs) (GWA, 2009; Andrade *et al.*, 2011; Putro e Hariyati, 2012). Por conseguinte, afecta a vida aquática ao limitar as actividades fotossintéticas na água devido à redução da penetração da luz (Andrade *et al.*, 2011; Ndome *et al.*, 2012). Isto, por sua vez, causa uma redução do oxigénio dissolvido, uma condição intolerável para a maioria dos animais marinhos. A água turva também obstrui as guelras dos peixes e os aparelhos de alimentação dos animais que vivem no fundo com partículas em suspensão. Por conseguinte, a redução da transparência da água (turvação) constitui frequentemente uma indicação imediata e óbvia do declínio da qualidade da água (Beveridge *et al.*, 1997; Tsutsumi *et al.*, 2006).

A turvação da água é influenciada pelo material flutuante, materiais orgânicos e inorgânicos finamente divididos, lamas, argila, silte, plâncton e outros organismos microscópicos (Andrade *et al.*, 2011; Putro e Hariyati, 2012). Em sistemas de aquacultura, a turvação da água pode resultar de organismos planctónicos ou de partículas em suspensão, tais como lodo, matéria fecal e alimentos não consumidos (Boyd e Pillai, 1984; Manna *et al.*, 2003; Sara, 2007; MacGibbon, 2008). Ferreira *et al.* (2011) sugeriram o limite máximo de 42,5 NTU como sendo o valor ótimo de turvação da água para a cultura de camarão marinho.

1.6.1.5 Condutividade eléctrica

A condutividade eléctrica (CE) é uma medida da capacidade de uma substância ou solução para conduzir corrente eléctrica. A CE da água é geralmente determinada pela concentração de iões de sólidos inorgânicos dissolvidos, tais como cloreto, fosfato, sódio, magnésio, cálcio, nitrato e sulfato (Buttner *et al.*, 1993; GWA, 2009; Abowei, 2010). Os valores baixos são caraterísticos de águas de alta qualidade e com baixo teor de nutrientes. Valores elevados de condutância podem ser indicativos de problemas de salinidade. Do mesmo modo, valores muito elevados de CE são indicativos de um aumento da quantidade de partículas poluentes, como os nutrientes das plantas (GWA, 2009). Além disso, a condutividade da água também depende de outros factores-chave, como a temperatura da água e o influxo de água doce (Chiu, 1998; Chagas e Suzuki, 2005; Andrade *et al.*, 2011; Ojutiku e Kolo, 2011). De acordo com Mtoni (2013), a condutividade eléctrica da água do mar é de cerca de 35000 µS⁄cm. Além disso, como citado por Bhatnagar e Devi (2013), a faixa de condutividade de 30-5.000 mS / cm (30.0005.000.000 L.iS / cm) é aceitável para a cultura de peixes de lago.

1.6.1.6 *Clorofila-a*

A clorofila-a (*chl-a*) é o principal pigmento das plantas e ocorre em todas as algas fotossintéticas, exceto nas proclorófitas e nas plantas superiores (Aminot e Rey, 2000). A concentração de *clorofila-a* é frequentemente utilizada como um bom indicador da abundância de fitoplâncton e das estimativas de biomassa e do grau de eutrofização em águas costeiras e estuarinas. Assim, pode também ser utilizada para refletir o nível de produção primária (MacGibbon, 2008; Senthilkumar *et al.*, 2008). Do mesmo modo, é frequentemente utilizada como indicador do estado trófico ou do nível de poluição de um ecossistema aquático. Concentrações elevadas de *clorofila-a* indicam frequentemente uma má qualidade da água e níveis baixos sugerem frequentemente boas condições (Boyd e Green, 2002; Senthilkumar *et al.*, 2008). A temperatura e a transparência da água, a mistura das massas de água, a turbulência, a disponibilidade e a intensidade da radiação solar, a salinidade e a concentração de nutrientes dissolvidos estão entre os factores mais importantes que afectam as variações espácio-temporais das concentrações de clorofila-a (Thakur e Lin, 2003; MacGibbon, 2008; Shah *et al.*, 2008; Onuoha *et al.*, 2010; Simonassi *et al.*, 2010).

Concentrações elevadas de *clorofila-a* são frequentemente o resultado de concentrações elevadas de nutrientes, que por sua vez, tendências crescentes podem indicar eutrofização dos ecossistemas aquáticos (Cunha *et al.*, 2010). A produtividade excessiva da coluna de água pode também contribuir para quantidades elevadas de matéria orgânica nos sedimentos e, nalguns casos, pode conduzir a condições anóxicas e hipóxicas. As alterações acima referidas podem resultar numa redução global da diversidade de espécies animais e vegetais (Smith e Dauer, 1994; Alvarado, 1997; Tsutsumi *et al.*, 2006). Boyd e Green (2002) afirmaram que as concentrações de *clorofila-a* na gama de 1 a 10 µg⁄l indicam eutrofização nas águas costeiras.

1.6.2 Aquacultura costeira e nutrientes inorgânicos dissolvidos

Os nutrientes inorgânicos dissolvidos são considerados como um dos parâmetros mais importantes no ambiente estuarino, influenciando o crescimento, a reprodução e as actividades metabólicas dos seres vivos. O azoto (N) e o fósforo (P) são os dois principais nutrientes no ambiente marinho ou estuarino, uma vez que têm impactos significativos, diretos ou indirectos, na produtividade biológica, nas concentrações de oxigénio, na clareza da água e nas taxas de sedimentação. Com efeito, o azoto e o fósforo inorgânicos são frequentemente considerados como factores limitantes do crescimento das algas e das plantas aquáticas (Heathwaite e Johnes, 1996; Mishra *et al.*, 2008). O excesso de disponibilidade de ambos, pelo contrário, desencadeia um crescimento excessivo de algas e a eutrofização (Boyd *et al.*, 2002; Camargo e Alonso, 2006). Outros nutrientes, como o silício e o ferro, também podem influenciar significativamente o crescimento das algas nos ecossistemas aquáticos, embora em muito menor grau do que o azoto e o fósforo (Camargo e Alonso, 2006). Para além das fontes naturais, o aumento das concentrações de azoto e fósforo nos ecossistemas aquáticos é também fortemente influenciado pelas actividades humanas. Essas actividades incluem o aumento da entrada de carga orgânica proveniente de efluentes domésticos e industriais, da agricultura e da aquicultura, de detergentes e de excrementos de animais no meio aquático (Camargo *et al.*, 2005; Camargo e Alonso, 2006, 2007).

Do mesmo modo, nos sistemas de aquacultura, os dois nutrientes mais importantes são o azoto e o fósforo (Boyd *et al.*, 2002). Estes dois nutrientes são adicionados às instalações de aquacultura através de fertilizantes químicos, estrumes, rações para peixes e excrementos de animais de cultura (Diana *et al.*, 1991; Guerrero-Galvan *et al.*, 1999; Boyd *et al.*, 2002; Maia *et al.*, 2011). Os fertilizantes mais utilizados incluem estrume de galinha, estrume de vaca e farelo de arroz (orgânicos) e, ureia (N2H4CO), superfosfato triplo (TSP), fosfato de amónio, NPK (inorgânicos) (FAO, 1992; AAHRI, 1995). Pelo contrário, os níveis de nutrientes são reduzidos por quatro mecanismos principais, como a troca de água para diluir os nutrientes, a utilização de nutrientes pelo plâncton, a decomposição de nutrientes por bactérias e a perda de produtos gasosos durante o arejamento (AAHRI, 1995; Barua *et al.*, 2011).

As variações na concentração de nutrientes dependem, no entanto, do teor de azoto e fósforo das dietas utilizadas, da digestibilidade das dietas, da taxa de alimentação, dos rácios de conversão alimentar (FCR), das densidades de povoamento, do ciclo de produção e do tipo e escala da operação de aquicultura (Lin *et al.*, 1996; Samocha e Lawrence, 1997; Montoya *et al.*, 2002). Outros factores para a disparidade de nutrientes incluem mudanças sazonais nos factores hidrodinâmicos e intensidade de cultivo, natureza do local, especialmente topografia e regime de troca de água (Wu, 1995; Lin *et al.*, 1996; Paez-Osuna, 2001; Lemonnier e Faninoz, 2006).

1.6.2.1 Nutrientes azotados

O azoto (N) é importante no ecossistema aquático porque é geralmente considerado como o principal nutriente limitante para a acumulação de biomassa de fitoplâncton (Rabalais, 2002; Patil *et al.*, 2011). O azoto existe na água sob várias formas, como nitratos (NO_3^-), nitritos (NO_2^-), amoníaco (NH_3), amónio ($NH4^+$) e azoto orgânico (ON), sendo o nitrato geralmente a forma predominante de azoto prontamente disponível para absorção pelas plantas (Shehata e Badr, 2010). O amónio, o nitrito e o nitrato são as formas reactivas mais comuns de azoto inorgânico dissolvido (DIN) nos ecossistemas aquáticos (Boyd e Pillai, 1984; Rabalais, 2002; Manna *et al.*, 2003; Krishnan, 2008). Estes iões podem estar presentes naturalmente nos ecossistemas aquáticos em resultado da deposição atmosférica, do escoamento de águas superficiais e subterrâneas, da dissolução de depósitos geológicos ricos em azoto, da fixação de azoto por certos procariotas e da degradação biológica da matéria orgânica (Rabalais, 2002).

Da mesma forma, o amónio, o nitrito e o nitrato são considerados como os principais contaminantes das águas residuais da aquacultura (Cao *et al.*, 2007), enquanto que se acredita que o amónio é uma forma abundante de azoto inorgânico nos efluentes das explorações piscícolas (Wu, 1995). Os compostos azotados inorgânicos; $NH4^{+}$, $NO2^{-}$ e $NO3^{-}$ podem, no entanto, ser removidos da água por plantas aquáticas, algas e bactérias e como fonte de energia por bactérias nitrificantes (Seema *et al.*, 2005).

O azoto amoniacal (NH4-N) é a forma de azoto mais facilmente absorvida pelas plantas aquáticas e pelas algas para o seu crescimento, uma vez que as outras formas, como o nitrato, têm de ser reduzidas a amoníaco antes de serem assimiladas pelos organismos em aminoácidos. Além disso, é a forma de composto de azoto encontrada no ambiente aquático na sequência das reacções do amoníaco não ionizado (NH3) com a água, amonificação ou mineralização (Wu, 1995; Boyd e Pillai, 1984; Gross *et al.*, 2000; Maia *et al.*, 2011). A amónia não ionizada (NH3) é um dos principais resíduos azotados do metabolismo dos peixes e invertebrados aquáticos, e da decomposição aeróbia da matéria orgânica por bactérias heterotróficas (Mwandya *et al.*, 2001; Thakur e Lin, 2003; Cardozo *et al.*, 2011). De acordo com Tepe *et al.* (2006), a taxa de produção de amónio-nitrogénio a partir da mineralização ou amonificação depende da temperatura, do pH, da disponibilidade de oxigénio e da quantidade e qualidade da matéria orgânica. Em condições favoráveis, o amónio tende, no entanto, a ser oxidado a nitrato, nitrificação num processo em duas fases ($NH_4^+ \rightarrow NO_2^- \rightarrow NO_3^-$) por bactérias quimioautotróficas aeróbias. O nitrito e o nitrato são, portanto, as formas oxidadas do azoto amoniacal (Camargo *et al.*, 2005; Camargo e Alonso, 2006; Kumari *et al.*, 2011).

Outras fontes potenciais de azoto amoniacal incluem os adubos azotados sob a forma de ureia ou amónio (Boyd *et al.*, 2002), as entradas de azoto inorgânico através da precipitação (Lugomela *et al.*, 2002) e a fixação de azoto por algas azuis-verdes (Bryceson, 1982; Lugendo *et al.*, 1999). Em contrapartida, o amónio é perdido da água por difusão para a atmosfera, absorção pelo fitoplâncton e oxidação a nitrato por bactérias nitrificantes (Seema *et al.*, 2005). Boyd e Green (2002) recomendaram que a concentração aceitável de amoníaco (N-NH3,4) para a proteção do ecossistema aquático não deve exceder 3,0 mg/l (54,12 μM) nos efluentes da criação de camarão. Da mesma forma, várias literaturas para o cultivo de camarão marinho sugeriram que a concentração aceitável não excedesse 0,2 mg/l (3,61 μM) e/ou 0,4 mg/l (7,2 μM), conforme relatado em Ferreira *et al.* (2011) e diretrizes do CONAMA no Brasil (Maia *et al.*, 2011).

O nitrito-nitrogénio (NO2-N) é um produto intermediário na oxidação bacteriana (reacções de nitrificação) entre o amónio e o nitrato em ambientes aquáticos, pelo que existe normalmente em níveis baixos nas águas. Também é produzido durante a redução do nitrato em ambiente anaeróbio (Seema *et al.*, 2005). A concentração de nitrito em ambientes aquáticos segue, portanto, as variações nos teores de nitrato e amoníaco (Rajasegar, 2003; Cao *et al.*, 2007; Kumari *et al.*, 2011; Patil *et al.*, 2011). Do mesmo modo, podem encontrar-se concentrações elevadas de nitritos nas águas que recebem efluentes azotados quando a taxa de oxidação do amoníaco excede a taxa de oxidação do nitrito e o processo de desnitrificação das bactérias heterotróficas em condições anaeróbias (Bui *et al.*, 2012).

Além disso, nas águas costeiras, concentrações elevadas de nitritos são frequentemente uma indicação de poluição doméstica e agrícola (Klaoudatos *et al.*, 2006). Nos sistemas de aquicultura, a fonte mais provável de NO2-N é a redução do nitrato a nitrito na lama anaeróbia (Boyd e Pillai, 1984) e os fertilizantes inorgânicos (Guerrero-Galvan *et al.*, 1999; Montoya *et al.*, 2002). Da mesma forma, a sua concentração é significativamente influenciada pela intensidade de cultivo, estações do ano e pela interação destes factores (Cowan *et al.*, 1994). Ferreira *et al.* (2011) e Maia *et al.* (2011) apontaram a melhor concentração de nitritenitrogênio para o cultivo de camarão como <0,2 mg/l (9,2 μM) e 0,3 mg/l (13,8 μM), respetivamente. Outros valores ótimos sugeridos para a cultura do camarão incluem <1 mg / l, N-NO2 por Boyd e Pillai (1984), bem como 0,1 mg / l e <0,055 mg / l, conforme observado por Biao *et al.* (2004) e Bui *et al.* (2012), respetivamente.

O nitrato é a forma mais oxidada e não tóxica de azoto e o produto final da decomposição aeróbica da matéria orgânica azotada, sendo a principal fonte de azoto para os autótrofos aquáticos (Rajasegar, 2003; Cao *et al.*, 2007; Patil *et al.*, 2011). As águas naturais em estado não poluído contêm apenas quantidades mínimas de nitratos (Manikannan *et al.*, 2011). A concentração excessiva de diferentes formas de compostos azotados inorgânicos tais como NH_4 +, NO_2 , NO_3 dá, portanto, uma indicação útil de poluição nos ecossistemas aquáticos. Estes compostos podem estimular ou aumentar o desenvolvimento, a manutenção e a proliferação de produtores primários, contribuindo para a eutrofização cultural (Camargo e Alonso, 2007; Cao *et al.*, 2007; Mishra *et al.*, 2008). A fonte mais importante de nitrato na água é a oxidação biológica de matéria azotada e alóctone, que inclui esgotos, escoamento de áreas agrícolas, fertilizantes, resíduos de gado e efluentes de indústrias e instalações de aquacultura. Outra forma possível de entrada de nitratos é através da oxidação (nitrificação) da forma amoniacal do azoto para a formação de nitritos (Rajasegar, 2003) e da deposição atmosférica (Damotharan *et al.* 2010; Manikannan *et al.* 2011).

Com referência a várias diretrizes de diferentes partes do mundo, as concentrações de nitrato-nitrogénio não devem exceder 0,7 mg/l (43,4 μM), como referido por Ferreira *et al*, (2011), <0,06 mg/l (3,7 μM) para proteção da vida aquática, como referido por Bui *et al.* (2012), <0,005 mg/l (0,31 μM) em águas costeiras (Boyd e Green, 2002) e na gama de 0,2-10 mg/l (12,4-620 μM), como previsto por Maia *et al.* (2011).

O azoto total (TN) inclui várias formas de azoto, como o azoto inorgânico dissolvido (DIN): nitrato ($NO3^-$), nitrito ($NO2^-$), amónio ($NH4^+$) e azoto orgânico dissolvido (DON). Outra forma é o azoto orgânico particulado (PON), normalmente encontrado adsorvido a partículas do solo suspensas na água (GWA, 2009; Ude *et al.*, 2011).

Por conseguinte, o TN é provavelmente um melhor indicador para medir a carga global de materiais azotados em amostras de água. De acordo com Boyd e Green (2002), para proteger os ecossistemas aquáticos, as concentrações de TN não devem exceder 10 mg/l (620,0 μM) nos efluentes, ao passo que concentrações na gama de 0,1 a 0,75 mg/l (6,2 a 46,5 μM) podem provocar a proliferação de plâncton nas águas costeiras.

Nos sistemas de aquicultura, o uso excessivo de fertilizantes e rações provoca a descarga de uma quantidade considerável de nutrientes, incluindo o TN, na água natural (Avnimelech e Ritvo, 2003; Xia *et al.*, 2004; Barua *et al.*, 2011). É descrito que não mais de 25% a 30% do nitrogênio e fósforo aplicados aos tanques como em fertilizantes, rações e água são recuperados nos organismos-alvo que são peixes ou camarões na colheita

(Thakur e Lin, 2003; Lemonnier e Faninoz, 2006; Mente *et al.*, 2006). Da mesma forma, Matias *et al.*, (2002) descobriram que cerca de 71 a 77% do azoto total introduzido em todos os tanques de cultura se depositou no sedimento como o seu principal sumidouro.

1.6.2.2 Fósforo Nutrientes

O fósforo é um nutriente metabólico importante para todos os organismos vivos. É um fator limitante de crescimento comum para o fitoplâncton nos ecossistemas aquáticos, uma vez que muitas vezes só está disponível em baixas concentrações com uma elevada taxa de rotação (Boyd e Pillai, 1984; Rabalais, 2002; Manikannan *et al.*, 2011; Patil *et al.*, 2011). O solo actua como um reservatório de nutrientes em excesso, como o fósforo, que é libertado lentamente para a água sobrejacente e disponibilizado para a produção primária (Boyd *et al.*, 2002). As principais formas de fósforo encontradas nas águas naturais estão presentes como fósforo inorgânico dissolvido, ortofosfato ($PO4^{3-}$) ou fósforo reativo solúvel (SRP). Esta forma é também conhecida como fósforo total dissolvido.

O fósforo também está presente nas amostras de água, sob a forma de fósforo orgânico dissolvido (DOP) e de fósforo orgânico particulado (POP). Estes são referidos como fósforo orgânico total. A combinação do fósforo total dissolvido e do fósforo orgânico total é conhecida como fósforo total (TP) (Ude *et al.*, 2011; Devi *et al.*, 2012). No entanto, as plantas aquáticas utilizam facilmente o ortofosfato ($PO4^{3-}$), que é a forma mais abundante de fósforo no ambiente aquático (Rabalais, 2002; Camargo e Alonso, 2007; Maia *et al.*, 2011). Tem sido sugerido que concentrações de TP na gama de 0,001-0,100 mg/l (0,09-9,49 µM) podem causar florescimentos de fitoplâncton em zonas costeiras (Boyd e Green, 2002). Com referência aos critérios do GAA (Bui *et al.*, 2012), a norma inicial para a concentração máxima de fósforo total em efluentes de cultivo de camarão é de 0,5 mg/l (47,5 µM), sendo o objetivo 0,3 mg/l (28,5 µM).

Tradicionalmente, os fosfatos são derivados da decomposição de matéria orgânica, incluindo fezes, organismos mortos e folhagem, e da lixiviação de rochas ricas em fósforo (Boyd *et al.*, 2002; Rajasegar *et al.*, 2002; Ude *et al.*, 2011). Os níveis de fosfatos nas águas costeiras, no entanto, estão a aumentar significativamente devido ao aumento da carga de resíduos gerados pelo homem, resíduos animais, resíduos industriais, escoamento da terra e perturbação humana da terra e da sua vegetação (Okuku *et al.*, 2011; Patil *et al.*, 2012). Em sistemas de aquicultura, além disso, as principais fontes de fosfatos incluem a aplicação de fertilizantes contendo fósforo, estrume animal, produtos residuais de animais cultivados suplementados com ração enriquecida com fósforo e água de entrada (Mantzavrakos *et al.*, 2007; Devi *et al.*, 2012; Kumar *et al.*, 2012; Ling *et al.*, 2012a).

Por outro lado, o peixe médio ou camarão assimila apenas 6-31% do fósforo total de entrada (TP), 39-67% são acumulados no sedimento da fazenda e cerca de 30,3% na água de saída (Avnimelech e Ritvo, 2003; Mente *et al.*, 2006; Thakur e Lin, 2006; Ihsan, 2012). Wu (1995) relatou ainda que 53% do fósforo da ração introduzida no sistema de cultura está a ser acumulado nos sedimentos do fundo. Alternativamente, de acordo com Teichert-Coddington *et al.*, (2000), a perda de fósforo das instalações de aquacultura ocorre principalmente através da descarga de efluentes, animais de cultura colhidos, acumulação do nutriente em sedimentos e absorção por algas de nutrientes inorgânicos dissolvidos. Conforme citado por Bui *et al.*, (2012), <0,045 mg/l

(<4,27 µM) e <0,015 mg/l (<1,4 µM) são os limites aceitáveis de concentração de PO4-P para estuários e águas costeiras, respetivamente. Além disso, Ferreira *et al.* (2011) sugeriram que 0,2 mg / l (19,0 µM) é bom para o cultivo de camarão marinho.

1.6.3 Aquicultura costeira e qualidade dos sedimentos de fundo

Nos ecossistemas aquáticos, os sedimentos de fundo têm uma função importante como sumidouro e reservatório natural eficiente de diversas substâncias. Armazenam grandes quantidades de matéria orgânica e de minerais, constituindo assim uma fonte contínua de nutrientes para a coluna de água acima deles, o que leva ao acoplamento bentónico-pelágico e influencia a produtividade primária (Burone *et al.*, 2003). Do mesmo modo, os sedimentos de fundo servem como sumidouro e reservatório de poluentes e contaminantes antropogénicos, incluindo nutrientes, principalmente N e P, e metais pesados. Na mesma linha, a acumulação gradual de compostos orgânicos na água e nos sedimentos pode levar à eutrofização, resultando no empobrecimento da qualidade da água. Outros efeitos incluem alterações na composição e estrutura do biota bentónico e um aumento da toxicidade potencial relacionada com substâncias com efeitos biológicos adversos (Wu *et al.*, 1994; Gupta *et al.*, 2001).

Os sedimentos afectados pela entrada de alimentos comerciais provenientes de instalações de aquacultura são geralmente caracterizados por uma acumulação de elevada carga de material orgânico e pela desoxigenação da água de fundo. Estes materiais orgânicos são derivados de alimentos para peixes não consumidos, fezes de camarão e produtos urinários, morte de plâncton e fertilização (Wu, 1995; Paezi-Osuna, 2001; Mannino e Sara, 2008; Paulo *et al.*, 2011). Esta matéria orgânica representa uma outra fonte alóctone (externa) de nutrientes; o azoto e o fósforo são disponibilizados de forma diferente aos sistemas pelágicos e bentónicos após a sua decomposição microbiana (Hopkins *et al.*, 1993; Avnimelech *et al.*, 1999; Gupta *et al.*, 2001). O ambiente anaeróbio resultante pode também sufocar e diminuir gravemente a fauna e a flora presentes nos habitats próximos. O nitrito e o amoníaco são igualmente preocupantes, pois são tóxicos para muitas espécies marinhas, mesmo quando presentes em concentrações muito baixas (Boyd, 1995; Rivero *et al.*, 2005; Ekubo e Abowei, 2011).

Por outro lado, o impacto dos efluentes da aquicultura nas massas de água receptoras pode variar consideravelmente em função da qualidade da água fornecida aos tanques (Lemonnier e Faninoz, 2006). A profundidade, o volume de água e o tempo de residência, a extensão da mistura e a velocidade da água são muitas vezes considerados como factores primários que regem o potencial de degradação do fundo do mar devido às actividades de aquicultura costeira (Grall e Chauvaud, 2002; Cancemi *et al.*, 2003; Sumagaysay-Chavoso *et al.*, 2004). De acordo com Paez-Osuna (2001) e Grall e Chauvaud (2002), as águas pouco profundas com correntes fracas favorecem a rápida acumulação local de resíduos provenientes das instalações de maricultura no fundo do mar das baías e estuários fechados. Além disso, a capacidade das águas receptoras para dispersar, mineralizar ou assimilar os resíduos orgânicos é também um fator importante no enriquecimento do fundo do mar (Cancemi *et al.*, 2003).

1.6.4 A aquacultura costeira e o conteúdo em matéria orgânica do sedimento de fundo A matéria orgânica nos sedimentos de fundo do ecossistema aquático corresponde a restos e detritos em diferentes estados de decomposição. Estes materiais têm origem em matéria vegetal e animal, bactérias ou plâncton formados *in situ*, ou derivados de fontes naturais e antropogénicas nas bacias hidrográficas (Boyd, 1995; Rajasegar *et al.*, 2002; Ekubo e Abowei, 2011). Os esgotos e os efluentes das fábricas de transformação de alimentos, das pisciculturas e das águas residuais municipais são exemplos de resíduos de origem humana ricos em matéria orgânica. A matéria orgânica do solo desempenha um papel muito importante no ciclo biogeoquímico dos nutrientes nos ecossistemas aquáticos, uma vez que contém uma grande reserva de carbono, azoto, fósforo e outros nutrientes das algas (Ekubo e Abowei, 2011). De acordo com Boyd (1995), a matéria orgânica dos sedimentos pode ser separada em duas fracções básicas: matéria orgânica lábil e refractária. A "lábil" descreve a matéria orgânica com baixos rácios TOC:TN (por exemplo, fitoplâncton) que se decompõe facilmente, enquanto os compostos orgânicos "refractários" têm rácios TOC:TN muito elevados e são altamente resistentes à degradação. Por conseguinte, a matéria orgânica refractária consome mais oxigénio dissolvido, suporta menos desnitrificação e liberta menos nutrientes para a coluna de água quando se decompõe do que a matéria orgânica com baixos rácios COT:TN.

Nas operações de aquacultura, a acumulação de matéria orgânica nos sedimentos de fundo ocorre normalmente como resultado de práticas de gestão das explorações, tais como a aplicação de rações e fertilizantes suplementares, fezes de peixe e metabolitos de peixe (Hopkins *et al.*, 1993; Cancemi *et al.*, 2003; Ling *et al.*, 2012a & b). A magnitude do enriquecimento orgânico depende, no entanto, de vários factores, como a intensidade da operação, a capacidade de descarga pelas correntes e marés da massa de água recetora, a escala temporal em que as descargas ocorrem e a capacidade de carga ambiental para assimilar as cargas orgânicas (Wu *et al.*, 1994; Wu, 1995; Tomassetti e Porrello, 2005; Mente *et al.*, 2006). Os impactos negativos mais comuns do enriquecimento excessivo em matéria orgânica incluem uma alteração drástica das propriedades químicas dos sedimentos, como uma concentração mais elevada de CBO devido à aceleração do consumo de DO pela decomposição da matéria orgânica. Do mesmo modo, a decomposição microbiana anaeróbia na interface sedimento-água provoca frequentemente a acumulação de substâncias tóxicas reduzidas, como o amoníaco, o nitrito, o sulfureto de hidrogénio e o metano (Masuda e Boyd, 1995; Boyd, 1995; Xai *et al.*, 2004; Ekubo e Abowei, 2011). Por conseguinte, estas alterações acabam normalmente por desencadear mudanças na estrutura das comunidades bentónicas, incluindo a sua sobrevivência e a substituição da composição normal de espécies por espécies oportunistas como *Capitella* sp. (Pearson e Rosenberg, 1978; Matute, 2010; Neofitou *et al.*, 2010; Villnas *et al.*, 2011).

1.6.5 Aquacultura costeira e textura dos sedimentos

A textura do solo refere-se às proporções relativas de partículas de solo: areia, silte e argila com menos de 2000 micrómetros (2 mm) de diâmetro numa massa de sedimentos. Normalmente, um nome de textura do solo pode ser atribuído utilizando dados sobre as percentagens de areia, silte e teor de argila dos sedimentos (Saravanakumar *et al.*, 2008; Siddique *et al.*, 2012). A textura dos sedimentos aquáticos também é influenciada pelos seus materiais de origem e depósitos (Rajasegar *et al.*, 2002; Ezekiel *et al.*, 2011a). No que diz respeito às operações de aquacultura, a idade das infraestruturas de cultura, como os tanques, é outro fator importante para as variações nas composições texturais dos sedimentos de uma determinada área, conforme descrito por

Siddique *et al.* (2012). Mais importantes são as caraterísticas dos sedimentos: o tamanho do grão e a percentagem de matéria orgânica, que desempenham um papel significativo na influência da estrutura, diversidade e distribuição da fauna bentónica (Sunil, 1993; Kirkagaç *et al.*, 2004; Sarkar *et al.*, 2005; Guzmàn-Alvis *et al.*, 2006). Do mesmo modo, o número de espécies, a densidade, a biomassa, a diversidade e a riqueza de espécies aumentam significativamente com o aumento da percentagem de areia no sedimento. Em contrapartida, o sedimento composto principalmente por lama não é favorável para a maioria dos bentos (Putro, 2007; Sanz-Làzaro e Marin, 2011; Ndome *et al.*, 2012).

1.6.6 Aquacultura costeira e a estrutura da comunidade de macro-invertebrados bentónicos

Os macro-invertebrados bentónicos são animais que vivem sobre ou no sedimento da massa de água ou presos a rochas ou detritos no fundo com o tamanho mínimo de cerca de 0,55 mm de diâmetro. Incluem crustáceos, moluscos, vermes aquáticos e formas larvares de insectos aquáticos (Nkwoji *et al.*, 2010). São importantes no ecossistema aquático, uma vez que fazem parte da cadeia alimentar aquática. São também utilizados para avaliar a qualidade da água e como indicadores de poluição (Pearson e Rosenberg, 1978). É geralmente concebível que o excesso de resíduos orgânicos descarregados a partir de alimentos e excrementos em instalações de aquicultura pode causar a desoxigenação das águas circundantes. A hipóxia ou anoxia e a exposição a substâncias tóxicas como o amoníaco, o nitrito, o sulfureto de hidrogénio e o metano têm o potencial de ameaçar a estrutura natural e o funcionamento dos macroinvertebrados bentónicos (Boyd, 1995; Avnimelech e Ritvo, 2003; Ekubo e Abowei, 2011). Além disso, as perturbações físicas dos sedimentos resultantes da dragagem e do pisoteio durante a construção de tanques e canais podem também ter uma influência significativa na estrutura das comunidades bentónicas de uma dada instalação de aquicultura (Li *et al.*, 2010; Balogun *et al.*, 2011).

Estas alterações das caraterísticas físicas e químicas dos sedimentos têm geralmente um forte impacto na estrutura das assembleias bentónicas. Os efeitos mais evidentes incluem a diminuição do número de espécies bentónicas, enquanto os invertebrados oportunistas como *Capitella* sp. (anelídeos) dominam sobre os outros macroinvertebrados bentónicos (Smith e Dauer; 1994, Nalesso *et al.*, 2005; Mannino e Sara, 2008; Godbold e Solan, 2009). Da mesma forma, a estrutura dos macroinvertebrados em sistemas aquáticos pode ser influenciada pela salinidade, tipo de substrato, tamanho médio do grão do sedimento, composição e estrutura do leito macrófito, nível de oxigénio dissolvido e profundidade (Wu, 1995; Shishehchian e Yusof, 1999; Murugesan *et al.*, 2009; Li *et al.*, 2010).

Na interface sedimento-água marinha os macro-invertebrados bentónicos desempenham um papel muito importante em vários processos do ecossistema aquático, tais como a mineralização da matéria orgânica e ciclagem de nutrientes, metabolismo de poluentes, dispersão e enterramento, e na produção secundária (Sanz-Làzaro e Marin, 2011; Putro e Hariyati, 2012). Para além do papel nas funções do ecossistema, a estrutura da comunidade da macrofauna bentónica em ambientes aquáticos é frequentemente utilizada em programas de monitorização do efeito da poluição (Pearson e Rosenberg, 1978). A vida relativamente longa e a natureza sedentária da maioria dos macro-invertebrados bentónicos tendem a integrar os efeitos da exposição a longo prazo a condições adversas. Do mesmo modo, as comunidades macro bentónicas são mais abundantes, mais fáceis de recolher e são compostas por espécies com um tempo de vida relativamente longo que podem, com o tempo, integrar um vasto conjunto de condições ambientais flutuantes. A sua distribuição reflecte, pois, preferências ecológicas e nutricionais e a sua dependência de condições de habitat específicas. Assim, os macro-invertebrados bentónicos têm sido utilizados em vários estudos como bioindicadores dos impactos ambientais do enriquecimento orgânico e das perturbações físicas das operações de aquicultura (Sarkar *et al.*, 2005; Ibrahim *et al.*, 2006; Neofitou *et al.*, 2010).

CAPÍTULO 2 MATERIAL E MÉTODOS

2.1 Localização e descrição da área de estudo

Este estudo foi realizado na Ilha de Mafia; a ilha fica na costa do Oceano Índico e situa-se entre a latitude 07° 45'S e a longitude 39° 50' E (Figura 1). O sistema de cultura semi-intensiva de camarão da ilha de Mafia está localizado na aldeia de Jimbo, a cerca de 25 km a nordeste do município administrativo do distrito de Mafia, Kilindoni. A ilha tem uma temperatura média do ar de cerca de 23,5° C-30,5° C, que é moderada pela brisa do mar e os seus padrões de temperatura mostram que o período quente se estende entre outubro e março, enquanto o período frio ocorre entre junho e setembro. Por conseguinte, a ilha recebe cerca de 1800 mm de chuva por ano (TBM e EAMB, 2010). O seu padrão de precipitação é geralmente caracterizado por picos duplos, ou seja, chuvas 'longas' (*masika*) aproximadamente em março-maio e chuvas 'curtas' (*vuli*) em setembro/outubro-dezembro. O período entre janeiro e fevereiro é geralmente seco e quente.

Tal como na maior parte da costa da África Oriental, os padrões sazonais da Ilha da Máfia correspondem principalmente ao movimento para norte e para sul da zona de convergência intertropical (ITCZ), que cria duas estações distintas: as monções do nordeste (*kaskazi*) e do sudeste (*kusi*), respetivamente. A monção de nordeste (NE), que prevalece de novembro a fevereiro, é acompanhada por temperaturas do ar e da superfície do mar mais elevadas e ventos mais fracos. A monção de sudeste (SE), que começa em abril e termina em setembro/outubro, caracteriza-se por temperaturas do ar e da superfície do mar mais baixas e ventos mais fortes. março/abril e outubro/novembro são os meses entre monções e são normalmente os mais calmos (Bryceson 1982; McClanahan, 1988; Nicholson, 1996).

A exploração semi-intensiva de camarão de Mafia é desenvolvida na zona húmida que estava anteriormente coberta de mangais e inundada com água do mar durante as marés altas (ver placas 1 e 2). A área tem um riacho estreito (cerca de 3,5 km) que drena a sua água para a baía de Kirongwe, nas proximidades. Assim, com o desenvolvimento da exploração de camarão, a secção superior do riacho (riacho de entrada) tornou-se a fonte de água para os tanques de cultura, enquanto a secção inferior (riacho de saída/efluente) transporta os efluentes da aquacultura para o mar. A exploração está equipada com uma bomba de água para canalizar a água do riacho de entrada para os tanques de cultura de camarão (ver placa 3). No início deste estudo, a fazenda operava dezesseis tanques de cultivo de camarão de terra, enquanto que durante a última sessão de amostragem o número tinha aumentado para trinta tanques operando em alternância. Durante a última amostragem para este estudo, a exploração estava no seu sexto ano de funcionamento.

Cada tanque de cultura tem uma superfície média de água de 1,5 ha, uma profundidade de 1,7 m (ver placa 5) e uma densidade média de 15-20 pós-larvas/m^2 num ciclo de produção de cerca de 140 dias. Os tanques de cultura são tratados com cal agrícola (CaCO3) e fertilizados com ureia (30-45 kg/ciclo de produção) e superfosfato triplo (10-15 kg/ciclo de produção). Os camarões são também alimentados diretamente com rações comerciais contendo 36-40% de proteínas brutas (ver placa 4). Os viveiros de cultura estão equipados com arejadores de roda de pás, mas a taxa e o volume de troca de água dependem dos dados de qualidade da água de um determinado viveiro e do tempo. Assim, não existe uma taxa estabelecida para a troca de água num determinado momento.

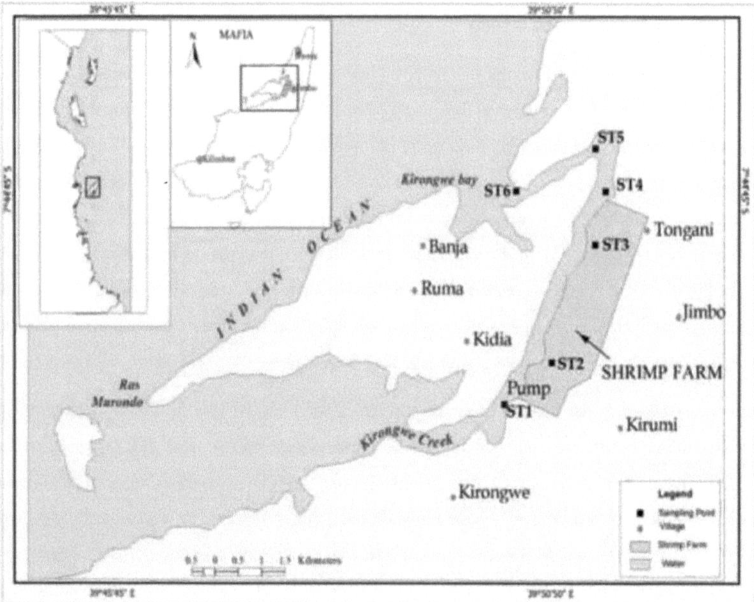

Figura 1: Mapa da Ilha da Máfia mostrando a área de estudo e as estações de amostragem

2.2 Conceção da amostragem

2.2.1 Local e calendário de amostragem

Foram recolhidas amostras mensais de água, sedimentos e macro-invertebrados bentónicos em seis estações de amostragem diferentes designadas por ST 1, ST 2, ST 3, ST 4, ST 5 e ST 6 (Figura 1). Estas estações foram desenvolvidas em três secções principais da exploração, ou seja, o riacho de entrada, os tanques de cultura e o riacho de saída. A ST 1 estava localizada ao longo do riacho de entrada a cerca de 50 m da casa das bombas, um ponto em que a água do mar ambiente é bombeada para os tanques de cultura e foi utilizada como estação de referência. Assim, a ST 1 foi uma estação de controlo. Esta estação está rodeada por árvores de mangue e vegetação associada. As estações ST 2 e ST 3 estavam situadas dentro dos tanques de aquacultura de camarão, enquanto as estações ST 4, ST 5 e ST 6 estavam situadas ao longo do riacho de efluentes. O ST 4 situava-se no ponto de confluência de todos os canais de saída dos tanques de cultura, o ST 5 situava-se a cerca de 450 m a jusante do ST 4 e o ST 6 situava-se no ponto em que a ribeira de efluentes e a água do mar se encontram durante as marés vivas, a cerca de 700 m a jusante do ST 5. As amostras foram medidas e recolhidas entre as 10:00h e as 17:00h em cada dia de amostragem, com um intervalo mensal de junho de 2008 a maio de 2009 e entre novembro de 2009 e março de 2010.

2.2.2 Procedimentos de amostragem

Os dados sobre o padrão de variações da temperatura do ar e da precipitação para o presente estudo foram obtidos da Agência Meteorológica da Tanzânia (TMA). A informação relativa às práticas de gestão da exploração agrícola foi obtida junto da direção da exploração. No entanto, a informação disponível era demasiado escassa e inadequada para fazer uma descrição pormenorizada das operações agrícolas. Normalmente, durante a amostragem, as perguntas sobre as operações quotidianas da exploração agrícola não eram consideradas para além da recolha de amostras.

Foi efectuada uma amostragem mensal de rotina em cada uma das estações de amostragem para recolher amostras de água e sedimentos para a análise de parâmetros físico-químicos e biológicos. A amostragem sistemática foi efectuada durante todo o período de estudo, começando na estação de amostragem ST 1 e terminando na ST 6. As garrafas de plástico (500 ml) devidamente rotuladas e os recipientes de plástico foram utilizados para conservar as amostras de água e de sedimentos, respetivamente. As amostras foram imediatamente embaladas em caixas frigoríficas com blocos de gelo e transportadas no prazo de 36-48 horas para o laboratório da Universidade de Dar es Salaam para análise. À chegada ao laboratório, todas as amostras foram armazenadas num congelador a -20° C até à sua análise, que teve início dentro de duas semanas. Além disso, antes de serem enchidas com amostras de água, todas as garrafas de amostragem foram embebidas em ácido clorídrico a 10% durante 24 horas e enxaguadas cuidadosamente com água destilada e água da respectiva estação de amostragem. As amostras de água de superfície para a análise de nutrientes inorgânicos dissolvidos foram recolhidas com uma garrafa Van Dorn. Os parâmetros ambientais correspondentes da coluna de água, como a temperatura, o oxigénio dissolvido (OD), a condutividade eléctrica (CE), o pH, a salinidade e a turvação, foram medidos *in situ* com um verificador de água HORIBA-Modelo U10.

Os sedimentos da camada superior de 10 cm foram recolhidos em cada estação com um corer cilíndrico de PVC de 50,24 cm^2 com 8 cm de diâmetro e 20 cm de comprimento. As amostras foram utilizadas para a determinação do teor percentual de matéria orgânica pelo método de perda por ignição (LOI), análise granulométrica e recolha de macro-invertebrados bentónicos. No laboratório, as amostras de sedimentos para determinação do teor de matéria orgânica foram conservadas num congelador a -20° C até à análise. As recolhas de fauna macro-invertebrada bentónica foram efectuadas no campo, peneirando a amostra de sedimento através de um crivo metálico de 1,00 mm. Os animais que não passavam através da peneira eram recolhidos com pinças ou paus e guardados em recipientes de plástico rotulados contendo formalina a 10% e levados para o laboratório para análise. Em alternativa, as amostras de água dos poros dos sedimentos para a determinação do azoto total e do fósforo total foram recolhidas cavando um buraco, a 5-10 cm de profundidade no solo. As amostras de água dos poros foram recolhidas nos tanques drenados após a colheita do camarão, enquanto que as amostras ao longo dos riachos foram recolhidas quando os níveis de água baixam durante as marés baixas ou quando a descarga dos tanques é baixa. As amostras de água dos poros recolhidas foram depois guardadas em garrafas de plástico de 500 ml e transportadas para o laboratório numa caixa de gelo para análise.

2.3 Análises laboratoriais

2.3.1 Amostras de água

Antes da análise, as amostras de água refrigeradas foram descongeladas até atingirem a temperatura ambiente;

em seguida, 50 ml de subamostras não filtradas foram mantidas em garrafas Schott pré-limpas para a análise do azoto total (TN) e do fósforo total (TP). As restantes amostras foram filtradas através de papéis de filtro GF/C Whatman® (tamanho de poro de 0,45 µm) e os filtrados foram mantidos em garrafas de plástico de 250 ml bem rotuladas e pré-limpas para as análises de nutrientes inorgânicos dissolvidos. Em seguida, as amostras filtradas foram transferidas para tubos de centrifugação de 15 ml marcados e foram adicionados 10 ml de acetona a 90% v/v para extração da clorofila-a. Os tubos foram armazenados congelados durante 24 horas para facilitar a extração (Parsons *et al.*, 1984; Aminot e Rey, 2000).

As concentrações dos nutrientes inorgânicos dissolvidos (NH4-N, NO2-N, NO3-N e PO4-P, todos expressos em µM) e da *clorofila-a* (mg/m^3) da coluna de água foram determinadas de acordo com os métodos padrão descritos por Parsons *et al.* (1984), Grasshoff *et al.* (1999) e Aminot e Rey (2000), utilizando o espetrofotómetro JENWAY 6505 UV/VIS. O método tricromático para a determinação das concentrações de clorofila a foi utilizado para medir a absorvância nos seguintes comprimentos de onda: 750, 664, 647 e 630 nm. Da mesma forma, o TN e o TP foram determinados através da oxidação simultânea dos compostos de azoto e fósforo das amostras de água não filtrada com digestão de persulfato, utilizando a autoclave PRIORCLAVE (PS. MID C40). Em seguida, foram utilizados os métodos de redução e diazotização do cádmio e o método do ácido ascórbico para a determinação do TN como NO_3^- -N e do TP como PO_4 -P, respetivamente; tal como descrito por Gross e Boyd (1998) e Grasshoff *et al.* (1999).

Azoto-amónio: As concentrações de NH_4 -N foram determinadas pelo método do azul de indofenol. Para o efeito, 50 ml de amostra foram tratados com 2 ml de solução de fenol, 2 ml de solução de nitroprussiato e 5 ml de solução oxidante; em seguida, mediu-se a absorvância num espetrofotómetro a um comprimento de onda de 640 nm. A concentração de NH4-N foi calculada a partir da curva de calibração preparada a partir da solução de trabalho conhecida do amoníaco-nitrogénio, variando de 0,0 a 7,57 µM.

Nitrito-nitrogénio: $NO2^-$- N foi medido pelo método do ácido sulfanílico/diazo. A uma amostra de água de 50 ml, adicionou-se 1,0 ml de reagente de sulfanilamida e misturou-se, seguindo-se a adição de 1,0 ml de reagente NED. A absorvância da solução foi medida a 543 nm numa cuvete de 1,0 cm após 15 minutos. A curva de calibração para o cálculo da concentração foi preparada utilizando uma solução de trabalho do nitrito-N que varia entre 0,0 e 2,5 µM.

Nitrato-Nitrogénio: Para determinar o NO_3^- -N, utilizou-se a coluna de redução de cádmio revestida de cobre para converter o nitrato em nitrito e a subsequente quantificação do nitrito-N foi feita utilizando o método do ácido sulfanílico/diazo acima referido. A concentração de NO3-N foi obtida a partir da curva de calibração preparada a partir da solução de trabalho de nitrato-N, variando de 0,0 a 25,22 µM.

Fosfato-Fósforo: O PO4-P foi determinado utilizando o método do complexo azul de fosfomolibdato. Neste procedimento, as amostras de água filtrada foram reagidas com um reagente composto de ácido molibdico, ácido sulfúrico, ácido ascórbico e antimónio trivalente. A densidade ótica da solução foi medida num espetrofotómetro a 885 nm.

Azoto total e fósforo total: O TN e o TP foram determinados através da oxidação simultânea dos compostos de azoto e fósforo das amostras de água não filtradas com persulfato (num tampão de ácido bórico-NaOH) e analisados por métodos padrão. Adicionou-se um volume de 5 ml do reagente oxidante (persulfato) a 50 ml de amostra e a mistura foi aquecida numa autoclave a cerca de 120° C durante 50 minutos. Do volume total de 55 ml de solução oxidada, foram retirados 5,0 ml e diluídos para 50 ml para a determinação do azoto total como nitrato-N. Os restantes 50 ml foram transferidos para um balão de reação de fosfato para a determinação do fósforo total como fosfato-P.

Clorofila-a: O método tricromático para a determinação da concentração de clorofila *a* foi utilizado para medir a densidade ótica da solução nos seguintes comprimentos de onda: 750, 664, 647 e 630 nm.

2.3.2 Variáveis de sedimentos

Antes da análise, as amostras de sedimentos de cada estação foram descongeladas e divididas em duas porções mantidas em cadinhos previamente pesados, uma para a análise do teor de matéria orgânica e a segunda para a análise granulométrica. Foi utilizada uma balança analítica Mettler Toledo (AB 304-S/FACT) para pesar as amostras e os instrumentos.

Teor de matéria orgânica: O teor de matéria orgânica (MO) do sedimento de fundo foi determinado pelo método de perda na ignição (LOI) (Cancemi *et al.*, 2003; Frangipane *et al.*, 2009). Neste procedimento, a alíquota de amostras de sedimento de fundo secas ao ar de cada estação foi colocada em cadinhos pré-pesados, pesada e seca em estufa (*em* W. C. Heraeus Hanau; Tipo T 340) a 105° C até peso constante durante 24 horas, arrefecida e pesada. A diferença de massa do sedimento antes (amostra húmida) e depois do processo de secagem (seca em estufa) foi utilizada para calcular a massa de matéria seca da amostra. Posteriormente, a matéria seca foi queimada a 500° C durante 5 horas numa mufla Carbolite (AAF 11/18), arrefecida em exsicadores e pesada no final. A diferença entre o peso da matéria seca e o peso das cinzas foi considerada como o teor de matéria orgânica do sedimento e, por conseguinte, utilizada para calcular a percentagem de LOI. Assim, a estimativa do teor de matéria orgânica da amostra foi obtida a partir da percentagem de peso LOI do sedimento seco. Por conseguinte, a percentagem de matéria orgânica (LOI) foi calculada a partir da seguinte fórmula:

$$LOI = \frac{dW - aW}{dW} \qquad (1)$$

onde,

LOI = perda por ignição (percentagem de matéria orgânica)

"dW" = peso da amostra de sedimentos seca em estufa (peso inicial)

"aW" = peso da amostra após ignição em mufla

Conforme adotado de Ekubo e Abowei (2011), a classificação para o conteúdo de matéria orgânica do sedimento é a seguinte: Muito baixo (<0,7%); Baixo (0,7-1,7%); Moderado (1,7-2,6%); Alto (2,6-4%) e Muito alto (>4%).

Tamanho das partículas do sedimento: A análise granulométrica foi efectuada utilizando o método de análise por peneiração a seco, tal como descrito por Eklof *et al.* (2005). Uma amostra de 250g de sedimentos húmidos de cada estação foi seca na estufa a 80°C durante 72 horas. As amostras secas foram trituradas num almofariz e pilão de cerâmica até atingirem um tamanho adequado para o ensaio. Em seguida, cerca de 100 g de amostras de sedimentos secos foram peneirados através de uma pilha de peneiras montadas em tamanhos decrescentes de abertura de malha (2, 0,5, 0,25, 0,063, 0,038 mm e a bandeja inferior) no agitador mecânico durante 15 minutos. A massa de sedimentos retidos foi então pesada separadamente desde o peneiro superior até ao tabuleiro inferior e calculada como uma percentagem relativa do total de amostras com base no peso seco. A classificação do tipo de sedimento foi baseada nas percentagens relativas de argila (<0,002 mm), silte (0,002 a 0,063 mm) e areia (0,063 a 2 mm), tal como proposto por Head (1992). No entanto, com base nas peneiras disponíveis (US sieve # 10, 35, 60, 230 e 400), apenas duas classes principais de sedimentos: partículas finas, silte/argila (<0,063 mm) e areia (0,063 a 2 mm) foram determinadas para cada estação de amostragem durante o presente estudo.

2.3.3 . Macro-Invertebrados Bentónicos

Uma vez no laboratório, as amostras de macro-invertebrados foram lavadas com água da torneira através de um crivo de malha de 1,00 mm para remover a formalina e quaisquer sedimentos aderentes e preservadas em etanol a 70%. Os crivos de 1 mm de poro são preferíveis nas zonas costeiras porque os sedimentos costeiros são geralmente mais grosseiros, pelo que os crivos mais finos ficariam facilmente obstruídos. Para aumentar a visibilidade, todos os macro-invertebrados foram corados com uma solução de Rosa Bengala, seguida de triagem/identificação e contagem com um microscópio estereoscópico (Olympus modelo SZ). A identificação taxonómica e a enumeração dos macro-invertebrados bentónicos foram efectuadas ao nível mais baixo possível, geralmente a uma família, utilizando as referências de identificação desenvolvidas por Day (1967) e Richmond (2002). As contagens foram efectuadas para cada família em cada estação de amostragem e estação do ano. Os macro-invertebrados bentónicos foram identificados ao nível da família porque os dados a níveis taxonómicos inferiores (por exemplo, espécies) estão frequentemente relacionados com pequenas variações em variáveis ambientais estranhas, em vez de serem o resultado de diferenças ecológicas (Somerfield e Clarke, 1995; Bevilacqua *et al.*, 2009).

2.4 Análises estatísticas

A análise dos dados foi efectuada com recurso ao software estatístico GraphPad Instant tm (versão 2.04) e ao pacote Microsoft Office Excel 2007 para Windows. Os dados de diferentes estações de amostragem foram submetidos a estatísticas descritivas usando médias (± erros padrão) e apresentados usando tabelas e gráficos para comparação. A análise de variância de uma via (ANOVA) foi utilizada para testar a existência de diferenças significativas ($p<0,05$) entre as estações de amostragem para cada parâmetro. Os testes "Honest Significant Difference" (HSD) de Tukey foram ainda utilizados para análises *post hoc,* a fim de determinar as estações específicas que eram fontes das diferenças (quando encontradas). Os níveis de diferença significativa ($p<0,05$) nos valores médios dos parâmetros determinados durante as estações seca e chuvosa foram avaliados utilizando o *teste t* de Student. Foi efectuado o coeficiente de correlação de Pearson (r) para determinar a relação entre os vários parâmetros.

Além disso, antes da análise de variância, todas as contagens de macro-invertebrados bentónicos foram transformadas em log (x+1) para igualar as variâncias e normalizar as distribuições. A estrutura dos macro-invertebrados bentónicos foi descrita através da estimativa das densidades populacionais expressas em número de indivíduos/unidade de área (indiv.m^{-2}). Os valores das densidades populacionais em cada amostra foram calculados através da seguinte fórmula adoptada de Pandey e Malik (2008):

$$\text{Density (no.m}^{-2}\text{)} = \frac{N}{a} \times 10^4 \quad (2)$$

onde,

"N" = número médio de organismos por amostra

"a" = área do coletor de amostras $(cm)^{-2}$

Além disso, quatro outras medidas dos índices de diversidade ecológica: Margalef's (d), Shannon-Weiner (H'), equitabilidade/desigualdade de Pielou (J') e Simpson's (1-D) foram estimados em cada estação de amostragem de acordo com equações adoptadas de Ometo *et al.* (2000), Shaw (2003), Kirkagaç *et al.*, (2004) e Türkmen e Kazanci (2010). Estes índices foram utilizados na análise da riqueza de taxa (S), da diversidade geral (H'), da equitabilidade/evidência (J') e do número de espécies presentes, bem como da sua contribuição relativa para a comunidade (1-D), respetivamente.

A riqueza de taxa (S) foi calculada utilizando o índice de diversidade de Margalef (d) da seguinte forma:

$$d = (S-1)/ln.N \quad (3)$$

onde,

"d" = índice de diversidade de Margalef

"S" = número total de espécies (famílias)

O índice de diversidade de Margalef (d) não tem um valor limite e apresenta uma variação em função do número de espécies/taxa recolhidos numa determinada área e da dimensão da área amostrada.

A diversidade geral mede a qualidade do habitat que pode ser degradada pela atividade humana e foi calculada utilizando o índice de diversidade de Shannon-Wiener (H') da seguinte forma:

$$H' = -\sum[(ni/N) \times (ln.\, ni/N)] \quad (4)$$

onde,

'H' = índice de diversidade de Shannon-Wiener

"*ni*" = número de indivíduos pertencentes a *i* espécies (famílias)

"N" = número total de indivíduos

O valor 'H' varia entre 0,0 e 5,0, sendo que valores superiores a 3,0 indicam um habitat estável e equilibrado, e valores inferiores a 1,0 representam um habitat poluído e degradado.

O índice de equitabilidade/desigualdade de Pielou (J') foi calculado da seguinte forma

$$J' = H'/H'max \quad (5)$$

onde,

"*J*" = Índice de uniformidade de Pielou

'H' = o valor observado do índice de diversidade de Shannon-Wiener

H"max: *ln.* S: "S" = número total de taxa presentes

O valor da uniformidade varia entre 0 e 1, sendo que um valor mais elevado implica uma distribuição equitativa dos indivíduos.

O índice de diversidade de Simpson (1-D) foi calculado utilizando o índice de dominância de Simpson (D). Mas durante o cálculo, o resultado final (D) foi subtraído de 1 (1-D) para corrigir a proporção inversa da seguinte forma

$$D = \sum(ni/N)^2 \quad (6)$$

$$1 - D = 1 - \sum(ni/N)^2 \quad (7)$$

onde,

"D" = índice de dominância de Simpson

"1-D" = índice de diversidade de Simpson

"*ni*" = o número total de indivíduos de um determinado taxa (famílias)

"N" = o número total de indivíduos de todos os taxa (famílias)

O "1-D" varia entre 0 e 1, sendo que um valor mais elevado indica uma maior diversidade da amostra.

Por outro lado, o quociente de semelhança de S0renson (QS) foi utilizado para calcular o grau de semelhança/sobreposição ou dissemelhança na composição taxonómica entre duas estações de amostragem em termos de presença-ausência de táxones (composição), mas não a semelhança em termos de abundâncias relativas ou diversidade. A equação aplicada foi a seguinte:

$$QS = \frac{2a}{2a+b+c} \quad (8)$$

onde,

"a" = número de taxa presentes em ambas as amostras (estações)

"b" = número de taxa recolhidos na estação de amostragem 1 mas em falta na 2

"c" = número de taxa recolhidos na estação de amostragem 2 mas em falta na 1

Os valores de QS variam entre 0,0 (sem correspondências/sobreposição) e 1,0 (100% de correspondências/sobreposição de taxa completos), aumentando à medida que o grau de semelhança aumenta.

CAPÍTULO 3 RESULTADOS

Os resultados das variáveis físico-químicas e biológicas investigadas da coluna de água e dos sedimentos na exploração semi-intensiva de camarões Mafia são apresentados e descritos abaixo:

3.1 Parâmetros meteorológicos

A classificação de duas estações principais; chuvosa e seca para a área de estudo foi baseada nos dados reais de precipitação e temperatura do ar obtidos da TMA (Figura 2). Assim, a estação seca abrangeu o período entre os meses de maio e setembro, enquanto a estação das chuvas foi de outubro a abril. No entanto, registaram-se chuvas fortes invulgares entre janeiro e março de 2010 e não foram registados dados de precipitação para o mês de novembro de 2009. A precipitação mais elevada, 410,7 mm, foi registada durante o mês de chuvas longas de abril de 2009 e a quantidade mais baixa, 4,9 mm, foi obtida em setembro de 2008 durante o período de chuvas curtas. No entanto, a precipitação não mostrou uma sazonalidade clara no presente estudo, uma vez que as ocasiões de amostragem durante o período de seca "curto" esperado de janeiro a março de 2010 coincidiram com chuvas fortes anómalas.

No que diz respeito à temperatura atmosférica, o valor médio mínimo foi registado (24,7° C) durante o mês de monção SE de julho de 2008; enquanto os valores máximos de 29,0° C, 29,2° C e 29,1° C foram registados durante os meses de monção NE de janeiro,

novembro e dezembro de 2009, respetivamente.

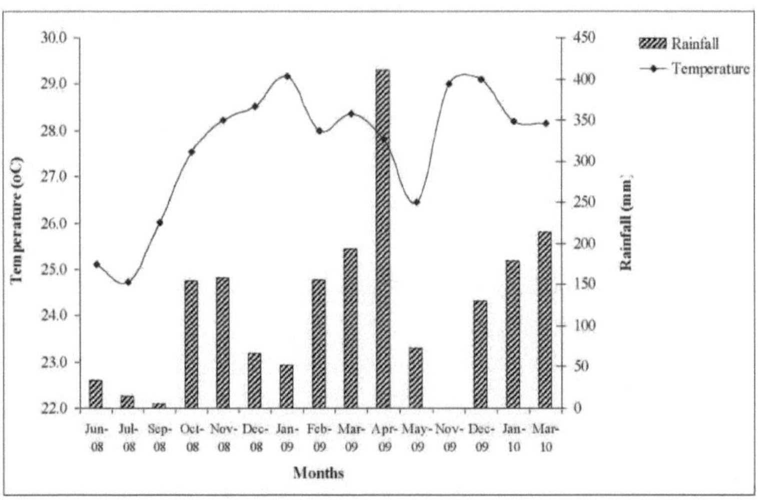

Figura 2: Variações mensais dos valores da precipitação total e da temperatura média do ar registadas na ilha de Mafia durante o período de estudo

3.2 Parâmetros de qualidade da água

As variações sazonais dos parâmetros físico-químicos (média±SE) da coluna de água e os seus valores estatísticos determinados durante as estações seca e chuvosa são apresentados nas Tabelas 1, 2 e 3. Da mesma forma, seus valores espaciais são apresentados nas Figuras 6, 11, 16 e 19, enquanto a Tabela 4 mostra as correlações entre os parâmetros de qualidade da água estudados.

Table 1: Valores da estação seca dos parâmetros físico-químicos da água determinados em seis estações de amostragem na exploração de camarão de Mafia

Parâmetro	**Valores da estação seca**						
	ST 1	**ST 2**	**ST 3**	**ST 4**	**ST 5**	**ST 6**	**Média global**
Água Temperatura (°C)	28.68±0.97	28.92±0.77	29.05±0.81	29.68±1.08	30.28±0.76	30.4±0.85	29.5 ± 0.3
	6	6	6	6	6	6	
DO (mg/l)	5.97±0.68	6.74±0.27	6.82±0.22	6.42±0.35	6.26±0.40	6.69±0.28	6.48 ± 0.13
	5	5	5	5	5	5	
pH	6.73±0.39	7.11±0.08	7.11±0.09	6.92±0.17	6.73±0.32	7.03±0.07	6.94 ± 0.07
	6	6	6	6	6	6	
Salinidade (psu)	30.00±0.74	32.88±1.08	32.12±0.81	29.33±1.18	29.77±1.10	28.95±1.42	30.51 ± 0.65
	6	6	6	6	6	6	
CE (µSZcm)	40683±4172.4	48150±811.9	47283±942.48	45333±1171.2	42483±4124.5	44517±1992.1	44742 ± 1155.4
	6	6	6	6	6	6	
Turbidez (NTU)	10.40±2.79	14.20±2.20	17.80±2.65	18.80±4.87	27.40±7.85	15.80±3.22	17.4 ± 2.34
	5	5	5	5	5	5	
Clorofila-a (mgZm)[3]	0.70±0.21	1.28±0.24	1.53±0.45	1.21±0.39	1.36±0.34	1.45±0.49	1.25 ± 0.12
	6	6	6	6	6	6	
Amónio-N (µM)	3.26±0.38	7.88±1.54	6.29±1.24	6.51±0.48	5.23±0.58	3.06±0.56	5.37 ± 0.78
	7	7	7	7	7	7	
Nitrito-N (µM)	0.22 ± 0.06	0.50± 0.09	0.48±0.08	0.39±0.07	0.29±0.04	0.22±0.05	0.35 ± 0.05
	7	7	7	7	7	7	
Nitrato-N (µM)	0.29±0.11	1.56±0.39	1.57±0.47	2.19±0.55	2.53±0.61	1.43±0.54	1.59 ± 0.31
	7	7	7	7	7	7	
	0.81±0.37	1.27±0.30	1.30±0.24	1.21±0.24	0.90±0.18	0.64±0.10	1.02 ± 0.11
Fosfato-P (µM)	7	7	7	7	7	7	
TP (µM)	1.26±0.26	2.89±0.62	2.13±0.29	2.41±0.21	2.16±0.32	2.18±0.44	2.17 ± 0.22
	6	6	6	6	6	6	
TN (µM)	6.55±1.00	14.57±1.58	14.53±1.90	16.48±2.20	15.27±2.25	14.83±2.17	13.71 ± 1.46
	6	6	6	6	6	6	

Table 2: Valores dos parâmetros físico-químicos da água determinados em seis estações de amostragem na estação das chuvas na exploração de camarão de Mafia

Parâmetro	**Valores da estação das chuvas**						
	ST 1	**ST 2**	**ST 3**	**ST 4**	**ST 5**	**ST 6**	**Média global**
Água Temperatura (°C)	30.65±0.23	31.06±0.29	30.92±0.22	30.84±0.36	31.37±0.31	31.5±0.4	31.06 ± 0.13
	6	6	6	6	6	6	
DO (mg/l)	4.34±0.29	6.74±0.53	5.48±0.32	5.47±0.51	5.47±0.49	5.35±0.35	5.47 ± 0.31
	6	6	6	6	6	6	
pH	7.57±0.17	7.71±0.24	7.69±0.22	7.63±0.16	7.60±0.16	7.45±0.16	7.61 ± 0.04
	6	6	6	6	6	6	
Salinidade (psu)	33.28±1.73	36.00±1.44	36.35±1.75	32.82±2.65	33.95±1.22	31.33±0.81	33.96 ± 0.79
	6	6	6	6	6	6	
CE (µSZcm)	43933±1105	49700±2307.2	50567±2676.6	48567±1867.6	49667±2940.7	47200±723.42	48272 ± 988.48
	3	3	3	3	3	3	
Turbidez (NTU)	13±0 3	15.5±1.5	23.0±1	38.7±11.35	21.5±16.5	40.5±28.5	25.36 ± 4.75
	2	2	2	2	2	2	
Clorofila-a (mgZm)[3]	0.88±0.31	2.43±0.92	1.53±0.76	1.03±0.38	1.91±0.84	0.91±0.32	0.45±0.26
	7	7	7	7	7	7	
Amónio-N	2.73±0.15	8.02±1.49	8.23±1.38	6.50±0.96	4.91±0.81	3.78±0.62	5.70 ± 0.92

(µM)	8						
Nitrito-N (µM)	0.15± 0.03	0.38±0.06	0.34±0.04	0.32±0.05	0.25±0.03	0.21±0.04	0.27 ± 0.04
	8	8	8	8	8	8	
Nitrato-N (µM)	0.35±0.10	1.19±0.35	1.24±0.36	1.61±0.54	1.50±0.46	0.85±0.26	1.12 ± 0.19
	8	8	8	8	8	8	
	0.39±0.06	1.43±0.26	1.29±0.22	0.83±0.12	0.63±0.1	0.45±0.07	12.43 ± 1.15
Fosfato-P (µM)	8	8	8	8	8	8	
TP (µM)	1.24±0.16	3.41±0.64	3.61±0.6	2.88±0.25	2.48±0.14	2.44±0.22	0.84 ± 0.18
	8	8	8	8	8	8	
TN (µM)	7.05±0.74	14.81±1.04	13.61±1.64	14.18±1.88	12.97±1.75	11.97±2.01	2.68 ± 0.35
	8	8	8	8	8	8	

Table 3: Comparação dos valores dos parâmetros físico-químicos entre a estação das chuvas e a estação seca, determinados em seis estações de amostragem durante o período de estudo na exploração de camarões de Mafia

Parâmetro	Valor					
	Época das chuvas	**Gama**	**Estação seca**	**Gama**	**valor de p**	**Observação**
Temperatura da água (° C)	31.06 ± 0.13	30.64-31.50	29.5 ± 0.3	28.68-30.40	0.0008	Significativo
DO (mg/L)	5.47 ± 0.31	4.34-6.74	6.48 ± 0.13	5.97-6.82	0.0138	Significativo
pH	7.61 ± 0.04	7.45-7.71	6.94 ± 0.07	6.73-7.11	<0.0001	Significativo
Salinidade (psu)	33.96 ± 0.79	31.33-36.35	30.51 ± 0.65	28.95-32.88	0.0071	Significativo
CE (µSZcm)	48272 ± 988.43	43933-50567	44742 ± 1155.4	40683-48150	0.0426	Significativo
Turbidez (NTU)	25.36 ± 4.75	13.0-40.5	17.4 ± 2.34	10.4-27.4	0.1635	Não significativo
Clorofila-a (mgZm)^{3}	1.45 ± 0.26	0.88-2.43	1.89 ± 0.2	1.21-2.63	0.2019	Não significativo
Amónio-N (µM)	5.70 ± 0.92	2.73-8.23	5.37 ± 0.78	3.06-7.88	0.795	Não significativo
Nitrito-N (µM)	0.27 ± 0.04	0.15-0.38	0.35 ± 0.05	0.22-0.5	0.2338	Não significativo
Nitrato-N (µM)	1.12 ± 0.19	0.35-1.61	1.59 ± 0.31	0.29-2,53	0.2267	Não significativo
TN (µM)	12.43 ± 1.15	7.05-14.81	13.71 ± 1.46	6.55-16.48	0.5083	Não significativo
PO4-P (µM)	0.84 ± 0.18	0.39-1.43	1.02 ± 0.11	0.64-1.30	0.3973	Não significativo
TP (µM)	2.68 ± 0.35	1.24-3.61	2.17 ± 0.22	1.26-2.89	0.2435	Não significativo

1.2.1 Temperatura da água

A temperatura média da água variou entre 29,67 ± 0,56° C e 30,95 ± 0,48° C registadas no ST 1 e ST 6, respetivamente. A temperatura média global da água durante o período de estudo foi de 30,28 ± 0,21° C. Não foram encontradas diferenças significativas nos valores da temperatura da água entre as estações de amostragem (p=0,426) (Figura 6). Por outro lado, a temperatura da água apresentou uma sazonalidade distinta, sendo o valor médio da estação das chuvas (31,06 ± 0,13° C) significativamente mais elevado do que o valor da estação seca (29,50 ± 0,3° C) (p=0,000). O valor mais elevado da temperatura da água (32,8° C) foi registado durante a estação das chuvas (fevereiro de 2009) na estação ST 6 e o valor mais baixo (25,4° C) foi encontrado durante a estação seca (julho de 2008) na estação ST 4 (Tabelas 1, 2, 3 e Figura 3). Além disso, a análise estatística utilizando a matriz do coeficiente de correlação dentro das estações de amostragem (Quadro 4) mostrou que a temperatura da água tinha uma forte relação positiva com a turbidez (r=0,824) e a salinidade (r=0,555).

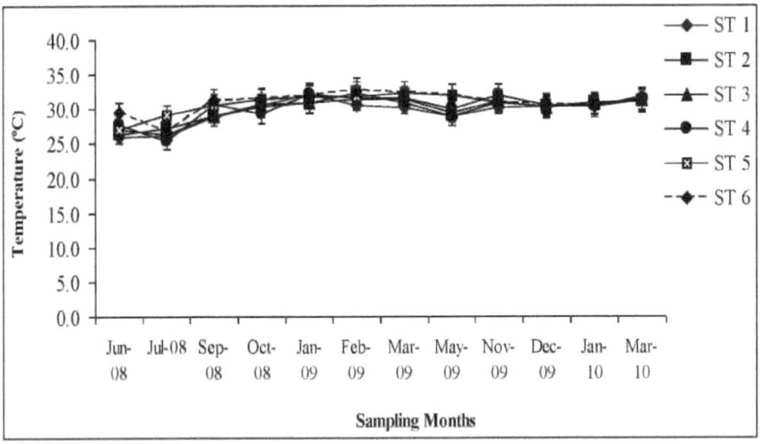

Figure 3: Variações mensais dos valores da temperatura da água registados em seis estações de amostragem na exploração de camarão de Mafia durante o período de estudo

3.2.2 Oxigénio dissolvido

A concentração média de DO em seis estações de amostragem foi mais elevada (6,77±0,35 mg/l) na ST 2 e mais baixa (4,63±0,23 mg/l) na ST 1. Respetivamente, outros picos foram 6,04±0,49 mg/l e 5,91±0,24 mg/l observados na ST 4 e ST 3. O valor médio global do OD foi de 5,77±0,28 mg/l e a análise estatística indicou variações significativas entre as estações ($p=0,001$). Um teste post-hoc revelou que a ST 1 tinha concentrações médias de OD significativamente mais baixas do que as ST 2 ($p<0,001$) e ST 4 ($p<0,05$) (Figura 6). As concentrações mensais de DO nas seis estações de amostragem variaram amplamente entre 3,25 mg/l e 9,00 mg/l, com a concentração mais baixa registada na ST 1 durante a estação das chuvas (janeiro de 2010) e a mais elevada na ST 4 durante a estação seca (junho de 2008). Outros dois picos de concentração de OD, 8,52 mg/l e 8,82 mg/l, foram observados no ST 2 nos meses secos de janeiro e fevereiro de 2009, respetivamente (Figura 4). Do mesmo modo, a concentração média de OD na estação seca situou-se entre 5,97 e 6,82 mg/l (6,48 ± 0,13 mg/l). Esta concentração foi significativamente mais elevada do que a da estação das chuvas, que se situou entre 4,34 e 6,74 mg/l (5,47 ± 0,31 mg/l) ($p=0,013$) (Tabelas 1, 2 e 3).

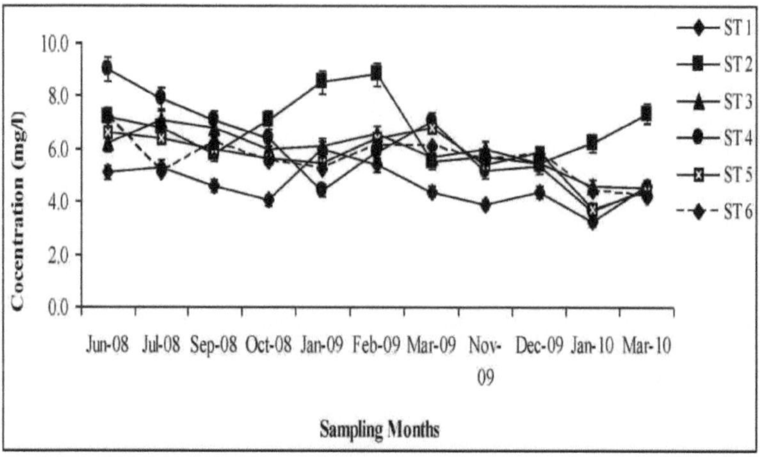

Figure 4: Variações mensais da concentração de oxigénio dissolvido registadas em seis estações de amostragem na exploração de camarão de Mafia durante o período de estudo

3.2.3 Salinidade

O valor médio global da salinidade para o período de estudo foi de 32,23±0,71 psu. O valor médio mais baixo de salinidade, 30,12±0,09 psu, foi registado no ST 6, enquanto o mais alto (34,4±0,1 psu) foi registado no ST 2 e as variações foram estatisticamente significativas (p=0,038).

No entanto, o teste de acompanhamento Turkey HSD não conseguiu distinguir qual dos pares de médias era significativamente diferente (Figura 6). Verificou-se uma variação notável do teor de salinidade entre os meses de amostragem, com o valor máximo de 40,0 psu registado durante os meses chuvosos de outubro de 2008 e março de 2010 no ST 2 e ST 3, respetivamente. Outro valor máximo de 39,0 psu foi registado no mês chuvoso de janeiro de 2010 no ST 4, enquanto o valor mínimo de 22,0 psu foi observado no ST 4 em outubro de 2008 (Figura 5). O valor médio da salinidade foi significativamente mais elevado durante a estação das chuvas (33,96±0,79 psu) do que o valor médio da estação seca (30,51±0,65 psu) (p=0,007) (Tabelas 1, 2 e 3). Além disso, os valores de salinidade foram fortemente correlacionados com PO4-P (r=0,869), NH4-N (r=0,774), NO2-N (r=0,779) e CE (r=0,646) nas estações de amostragem (Tabela 4).

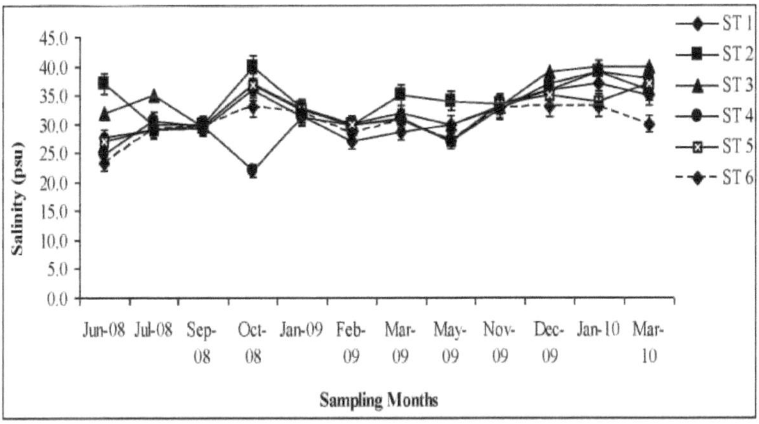

Figura 5: Variações mensais dos valores de salinidade registados em seis estações de amostragem na exploração de camarão de Mafia durante o período de estudo

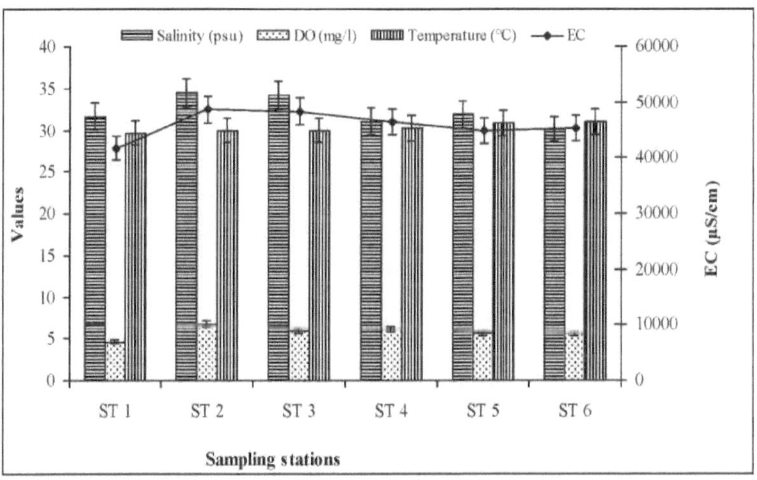

Figura 6: Variações espaciais (média±SE) dos parâmetros ambientais da coluna de água registados durante o período de estudo na exploração de camarão de Mafia

3.2.4 Condutividade eléctrica

Espacialmente, os valores médios de CE variaram entre 41767±2765,7 µS/cm registados na ST 1 e 48667±886 µS cm observados nas ST 2 e ST 3; o valor médio global foi de 45919±1039,6 µScm. No entanto, estas variações não foram significativas (p=0,137) entre as estações de amostragem (Figura 6). Por outro lado, os valores mensais de CE em seis estações de amostragem variaram entre 23000 µScm registados na ST 5 durante a estação seca (junho de 2008) e 55500 µS cm registados na ST 3 e na ST 5 durante a estação chuvosa (outubro de 2008) (Figura 7). Os valores de CE na estação das chuvas situaram-se no intervalo de 43933-50567 µScm e 40683-48150 µScm na estação seca durante o curso do estudo. O valor médio para a estação chuvosa (48272±988,43 µι S/cm) foi significativamente maior do que o valor da estação seca (44742±1155,4 µS/cm) (Tabelas 1, 2 e 3). Para além disso, a CE teve fortes relações positivas e significativas com o OD (r=0,917), PO4-P (r=0,871), NH4-N (r=0,905) e NO2-N (r=0,927) nas estações de amostragem (Tabela 4).

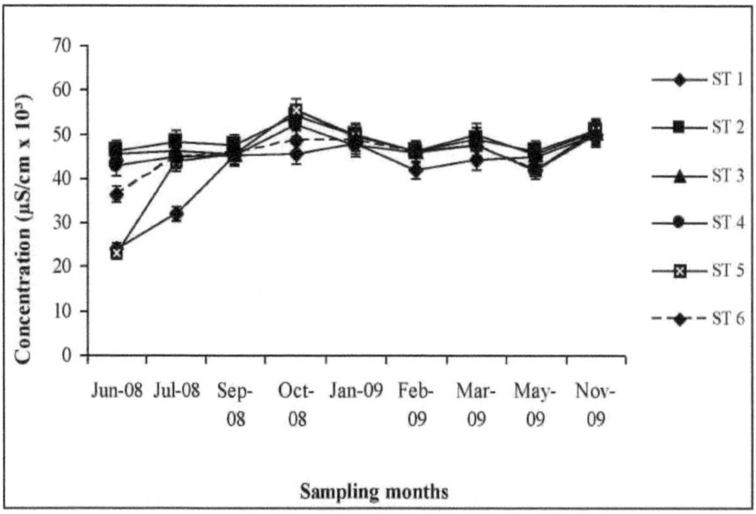

Figura 7: Variações mensais das concentrações de condutividade eléctrica registadas em seis estações de amostragem na exploração de camarão de Mafia durante o período de estudo

3.2.5 pH

Como se pode ver na Figura 11, os valores de pH variaram entre 7,15±0,24 registados na ST 1 e 7,41±0,15 registados na ST 2, com o valor médio global de 7,27±0,05. No entanto, estas variações não diferiram significativamente entre as estações de amostragem (p=0,84). Sazonalmente, os valores de pH foram máximos nos meses chuvosos de dezembro de 2009

(8.(4) e março de 2010 (8,5) e o valor mínimo (4,9) foi registado no mês seco de julho de 2008 (Figura 8). O valor médio sazonal foi significativamente mais elevado durante a estação das chuvas (7,61±0,04) do que durante a estação seca (6,94±0,07) a p<0,000 (Tabelas 1, 2 e 3). Além disso, nas estações de amostragem, os valores de pH apresentaram uma forte correlação positiva com NH4-N (r=0,868), NO2-N (r=0,912) e DO (r=0,796) (Tabela 4).

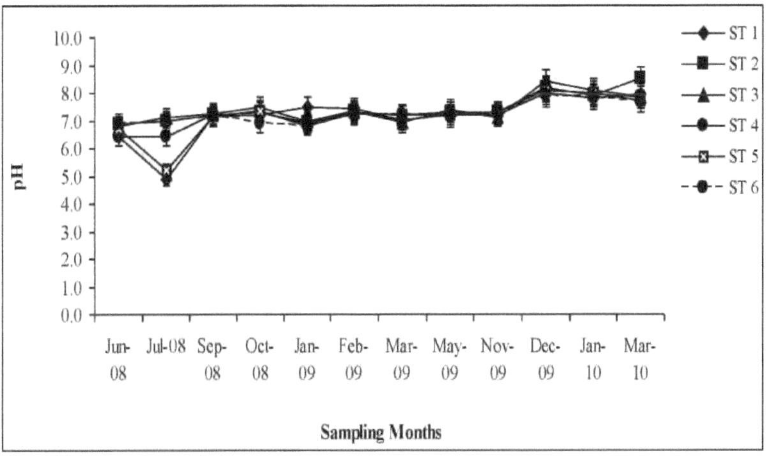

Figure 8: Variações mensais dos valores de pH registados em seis estações de amostragem na exploração de camarão de Mafia durante o período de estudo

3.2.6 Turbidez

As diferenças espaciais nos valores de turbidez são apresentadas na Figura 11. Os valores médios variaram entre 11,14±2,09 e 25,71±6,60 NTU, sendo o valor médio global de 19,67±2,37 NTU. Os valores médios mais baixos e mais elevados foram registados nas estações ST 1 e ST 5, respetivamente. No entanto, as variações entre as estações não mostraram diferenças significativas (p=0,266). Alternativamente, as variações mensais da turbidez mostraram um valor máximo (69,0 NTU) no mês chuvoso de março de 2009 na ST 6 e valores mínimos (4,0 NTU) foram registados durante o mês seco de julho de 2008 nas ST 1 e ST 6 (Figura 9). Este parâmetro não mostrou sazonalidade, uma vez que os valores médios sazonais (seco, 17,4±2,34 NTU; chuvoso, 25,36±4,75 NTU) para as duas estações não foram significativamente diferentes (p=0,163) (Tabelas 1, 2 e 3).

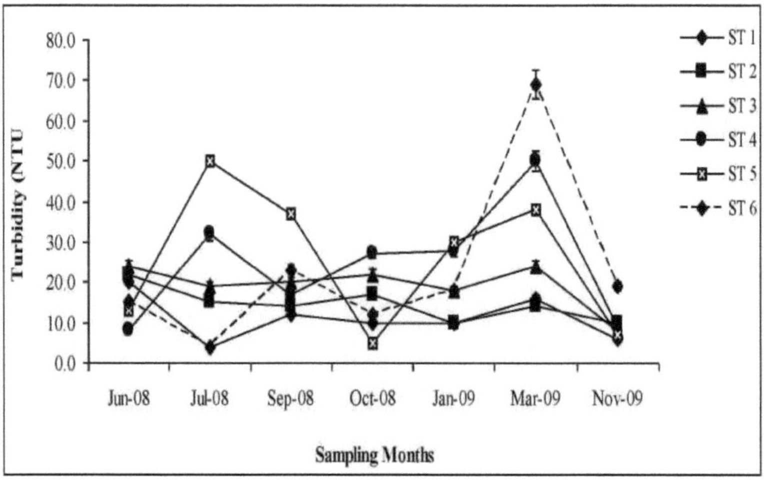

Figure 9: Variações mensais dos valores de turbidez registados em seis estações de amostragem na exploração de camarão de Mafia durante o período de estudo

3.2.7 *Clorofila-a*

No presente estudo, a estação ST 1 registou a concentração média mais baixa de *clorofila-a* (1,03±0,32 mg/m^3), enquanto as concentrações médias mais elevadas de 2,11±0,61 mg/m^3 e 2,08±0,68 mg/m^3 foram medidas nas estações ST 2 e ST 5, respetivamente. O valor médio global da *clorofila-a* foi de 1,65±0,16 mg/m^3 . As variações espaciais nas concentrações de *clorofila-a* não foram significativamente diferentes entre as estações amostradas (p=0,7194) (Figura 11). As flutuações mensais das concentrações de clorofila-a são apresentadas na Figura 10. Respetivamente, as concentrações mensais mais baixas (0,04 mg/m^3) e mais altas (8,00 mg/m^3) foram registadas durante o mês chuvoso de dezembro de 2009 e o mês seco de maio de 2009; e ambos os valores foram obtidos na ST 6. Não houve diferença significativa nas concentrações médias de *clorofila-a* entre as duas estações (p=0,201), no entanto as concentrações de *clorofila-a* foram registadas mais elevadas durante a estação seca (1,89±0,20 mg/m^3) e mais baixas durante a estação chuvosa (1,45 ± 0,26 mg/m^3) (Tabelas 1, 2 e 3).

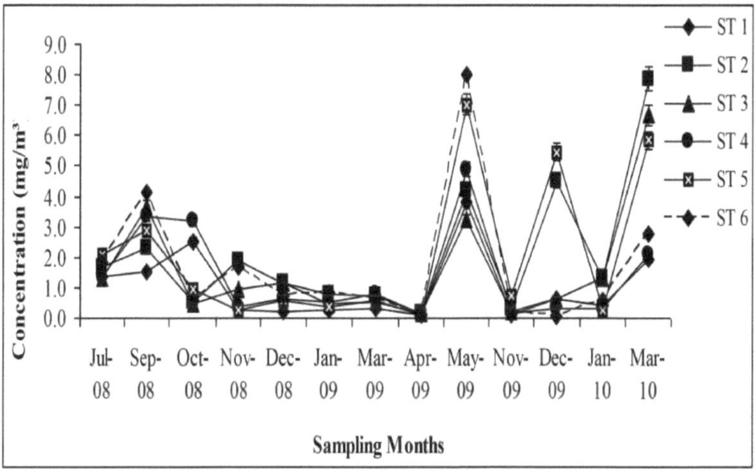

Figura 10: Variações mensais das concentrações de *clorofila-a* registadas em seis estações de amostragem na exploração de camarão de Mafia durante o período de estudo

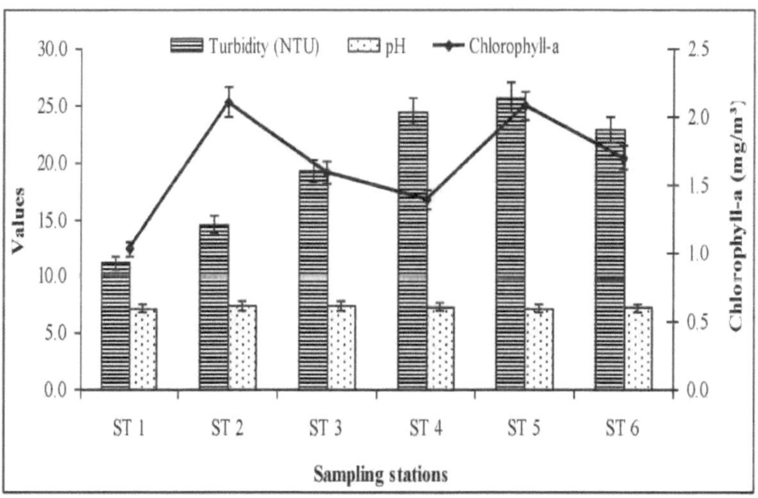

Figura 11: Variações espaciais (média±SE) dos parâmetros ambientais da coluna de água registados durante o período de estudo na exploração de camarão de Mafia

3.2.8 Nutrientes dissolvidos

3.2.8.1 Amónio-Nitrogénio

A concentração de NH_4 -N oscilou entre 2,98±0,20 μM e 7,96±1,03 μM no ST 1 e ST 2, respetivamente, com um valor médio global de 5,54±0,84 μM. Foi observada uma ligeira diminuição da concentração de NH4-N a jusante do riacho de efluentes com o aumento da distância dos tanques de cultura. O teste ANOVA indicou diferenças significativas nas concentrações de NH4-N entre as estações de amostragem ($p<0,000$) (Figura 15), e o teste de comparações post-hoc revelou que a ST 1 apresentou concentração de NH4-N significativamente menor que a ST 2 ($p<0,001$), ST 3 ($p<0,001$) e ST 5 ($p<0,01$). Da mesma forma, o ST 2 teve um valor significativamente maior do que o ST 5 ($p<0,05$) e o ST 6 ($p<0,001$); e o ST 6 teve uma concentração significativamente menor do que o ST 3 ($p<0,01$) e o ST 4 ($p<0,05$).

As variações mensais nas concentrações de NH4-N entre as estações de estudo são mostradas na Figura 11. A variação foi grande, de 1,43 μM a 15,14 μM, com as concentrações mínimas na ST 6 em novembro de 2009 e as máximas na ST 3 em novembro de 2008. Foi registada uma variação sazonal não significativa nas concentrações médias de NH_4 -N com o valor mais elevado de 5,70 ± 0,92 μM observado durante a estação das chuvas e o valor mais baixo de 5,37 ± 0,78 μM determinado durante a estação seca ($p=0,795$) (Tabelas 1, 2 e 3). Além disso, as concentrações de NH4-N apresentaram forte relação positiva com o OD ($r=0,875$) e PO4-P ($r=0,976$) (Tabela 4).

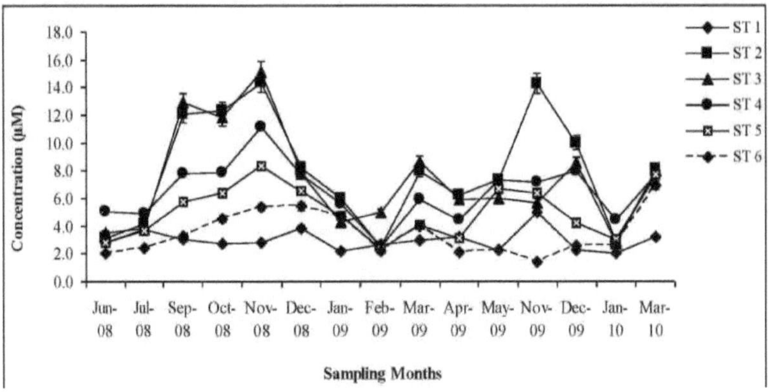

Figura 12: Variações mensais das concentrações de amoníaco-nitrogénio registadas em seis estações de amostragem na exploração de camarão de Mafia durante o período de estudo

3.2.8.2 Nitrito-Nitrogénio

Como se mostra na Figura 15, a concentração média de NO_2 -N variou de 0,18±0,03 μM determinada no ST 1 a 0,44±0,06 μM registada no ST 2, sendo a concentração média global de 0,31±0,04 μM. À semelhança das concentrações de NH_4 -N, o NO_2 -N apresentou uma diminuição gradual da concentração à medida que a água efluente flui para jusante do riacho de saída. As alterações espaciais foram estatisticamente diferentes entre as estações de amostragem ($p<0,000$). A análise post-hoc mostrou que a ST 1 tinha uma concentração média de NO2-N significativamente mais baixa do que a ST 2 ($p<0,001$), ST 3 ($p<0,01$) e ST 4 ($p<0,05$). Do mesmo modo, o ST 2 apresentou uma concentração significativamente mais elevada do que o ST 5 ($p<0,05$) e o ST 6 ($p<0,01$), e o ST 3 registou uma concentração estatisticamente mais elevada do que o ST 5 ($p<0,05$). As variações mensais nas concentrações de NO_2 -N mostraram o valor mais baixo de 0,03 μM registado no ST 6 em abril de 2009 e no ST 1 em novembro de 2009; e o mais alto de 0,98 μM no ST 2 em janeiro de 2009

(Figura 13). Sazonalmente, as concentrações médias de NO2-N não mostraram sazonalidade, uma vez que os valores médios sazonais registados (estação seca, 0,35±0,05 μM; estação chuvosa, 0,27±0,04 μM) não foram significativamente diferentes (p=0,233) (Tabelas 1, 2 e 3). Alternativamente, o nitrito-N foi significativamente correlacionado com o NH4-N (r=0,995; p=0,00) (Tabela 4).

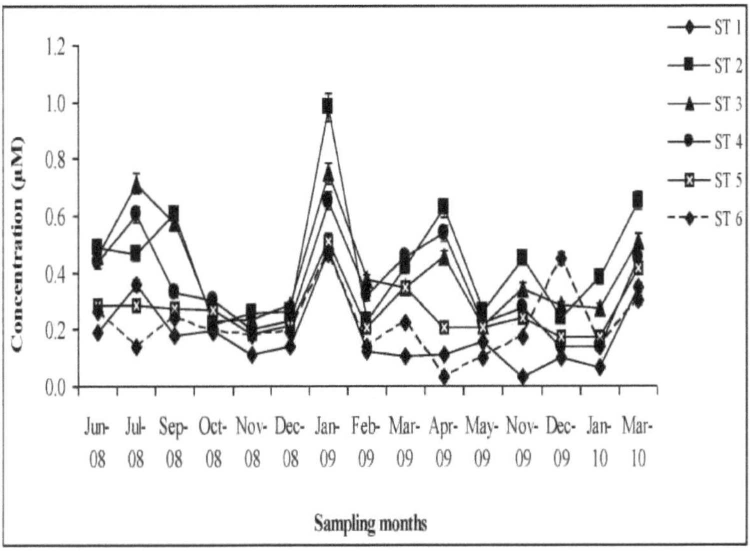

Figure 13: Variações mensais das concentrações de nitrito-nitrogénio registadas em seis estações de amostragem na exploração de camarão de Mafia durante o período de estudo

3.2.8.3 Nitrato-Nitrogénio

Foi registada uma variação espacial significativa nas concentrações médias de NO3-N, com o valor mais elevado de 1,98±0,39 μM determinado na ST 5 e o mais baixo de 0,32±0,07 μM registado na ST 1 (p=0,002). A concentração média global de NO3-N entre as estações de amostragem foi de 1,34±0,23 μM. Ao contrário das concentrações de NH_4 -N e NO_2 -N, os valores de NO_3 -N não mostraram nenhuma tendência específica, de modo que houve um aumento na concentração em duas estações ao longo do riacho efluente, ST 4 (1,88±0,38 μM) e ST 5 (1,98±0,39 μM) com um ligeiro declínio na ST 6 (1,12±0,29 μM). Uma análise post-hoc indicou que o ST 1 tinha uma concentração média de NO3-N significativamente mais baixa do que o ST 4 (p<0,01) e o ST 5 (p<0,01) (Figura 15). As variações mensais da concentração de NO_3 -N variaram de 0,01 μM a 4,29 μM. A concentração de NO_3 -N foi registada como mínima no mês de março de 2009 na estação ST 1, enquanto que foi observada como máxima no mês de dezembro de 2008 na estação ST 5 (Figura 14). Considerando as duas estações, os valores médios durante a estação chuvosa (1,12±0,19 μM) e a estação seca (1,59±0,31 μM) não são estatisticamente diferentes (p=0,233) (Tabelas 1, 2 e 3).

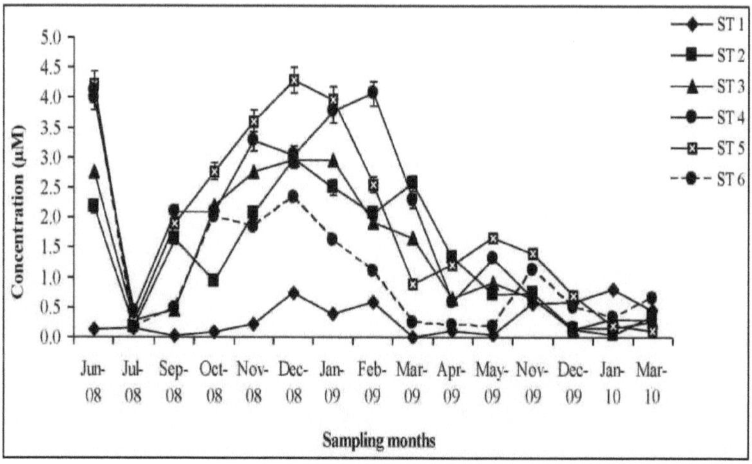

Figure 14: Variações mensais das concentrações de nitrato-nitrogénio registadas em seis estações de amostragem na exploração de camarão de Mafia durante o período de estudo

3.2.8.4 Azoto total

No presente estudo, a estação ST 1 registou a menor concentração média de azoto total (TN) (6,84±0,58 µM), enquanto o valor mais elevado de 15,16±1,41 µM foi registado na ST 4 e o seu valor médio global entre as estações de amostragem foi de 12,98±1,26 µM.

À semelhança do NH4-N e NO2-N, a concentração de TN diminuiu com o aumento da distância do ponto de descarga do efluente (ST 4). As variações espaciais observadas foram estatisticamente diferentes entre as estações de amostragem ($p<0,000$), sendo que um teste post-hoc mostrou que a ST 1 tinha uma concentração média de TN significativamente mais baixa do que todas as outras estações: ST 2, ST 3, ST 4, ST 5 ($p<0,001$) e ST 6 ($p<0,01$) (Figura 15). A Figura 15 mostra as variações mensais das concentrações de TN entre as estações de amostragem. Este parâmetro variou amplamente de 3,15 µM no mês de janeiro de 2009 na estação ST 1 a 22,86 µM em novembro de 2008 na ST 6. Não houve diferença significativa nas concentrações médias de TN entre as duas estações ($p=0,508$), embora as concentrações de TN tenham sido registadas como mais elevadas durante a estação seca (13,71±1,46 µM) e mais baixas durante a estação chuvosa (12,43±1,15 µM) (Tabelas 1, 2 e 3).

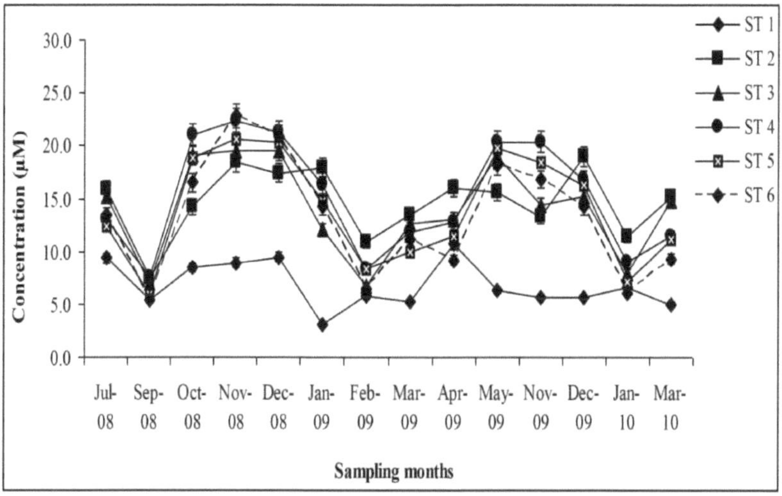

Figura 15: Variações mensais das concentrações de azoto total registadas em seis estações de amostragem na exploração de camarão de Mafia durante o período de estudo

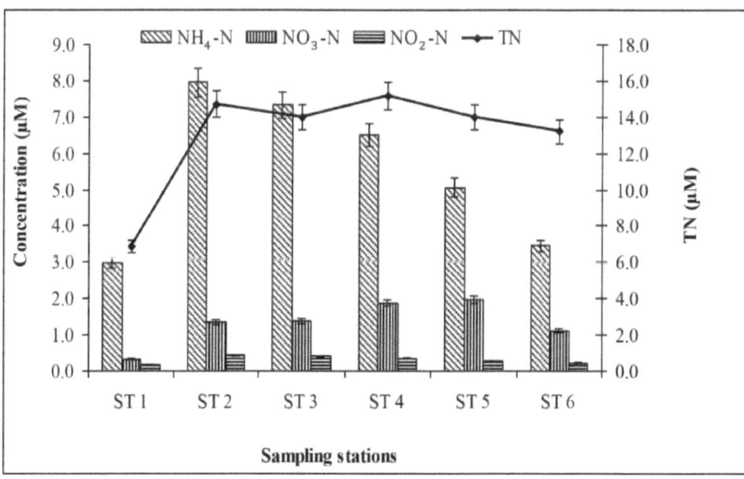

Figura 16: Variações espaciais (média±SE) nas concentrações de nutrientes azotados da coluna de água registadas durante o período de estudo na exploração de camarão de Mafia

3.2.8.5 Fosfato-fósforo

Conforme apresentado na Figura 19, a maior concentração de PO_4 -P foi de 1,36 ± 0,19 µM registrada na ST 2, enquanto a ST 6 teve o menor valor de 0,54 ± 0,07 µM e as concentrações médias gerais foram de 0,92 ± 0,14 µM. Em geral, as estações de amostragem dentro dos tanques de aquicultura de camarão registaram concentrações mais elevadas de PO4-P com gradiente espacial em função da distância do ponto de descarga de efluentes. Houve uma diferença significativa entre as estações amostradas ($p<0,00$). No entanto, a ST 1 teve uma concentração de PO4-P significativamente menor do que a ST 2 ($p<0,01$) e ST 3 ($p<0,05$). A ST 2 registou uma concentração de PO4-P significativamente mais elevada do que as ST 5 ($p<0,05$) e ST 6 ($p<0,01$), enquanto a ST 3 foi significativamente mais elevada do que a ST 6 ($p<0,01$).

As concentrações de fosfato-fósforo durante a amostragem de diferentes meses variaram de 0,17 μM a 2,97 μM. A concentração máxima foi observada durante o mês seco de junho de 2008 no ST 1 e a mínima foi registada durante o mês chuvoso de abril de 2009 no ST 6. Outros dois picos foram observados no ST 2 (2,58 μM) e no ST 3 (2,52 μM) em julho de 2008 e novembro de 2008, respetivamente (Figura 17).

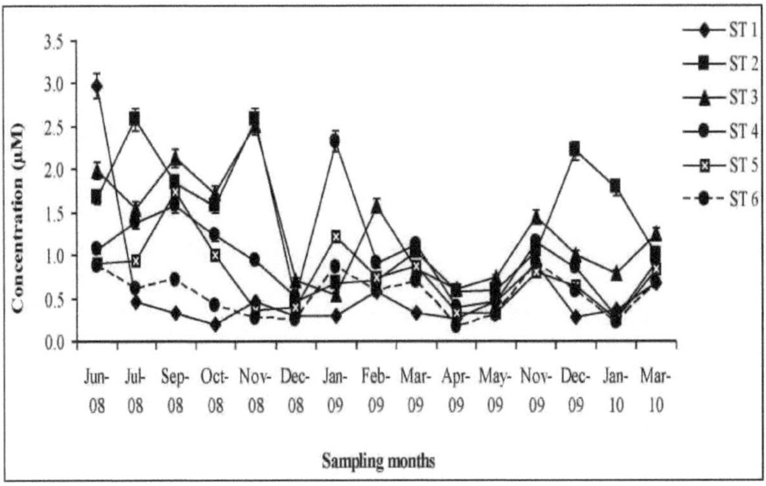

Figura 17: Variações mensais nas concentrações de fosfato-fósforo registadas em seis estações de amostragem na exploração de camarão de Mafia durante o período de estudo

A variação sazonal das concentrações de PO4-P foi maior durante a estação seca (1,42±0,11 μM) e menor na estação chuvosa (0,84±0,18 μM). No entanto, não houve variações sazonais significativas nas concentrações de PO4-P ($p=0,397$) (Tabelas 1, 2 e 3). Além disso, como se mostra na Tabela 4, o PO4-P registou uma forte correlação positiva com o pH ($r=0,905$), o NH4-N ($r=0,976$) e o NO2-N ($r=0,983$).

3.2.8.6 Fósforo total

Durante o período de estudo, as concentrações médias de TP variaram entre 1,25±0,14 μM registadas na ST 1 e 3,19±0,44 μM determinadas na ST 2, com uma média de 2,46±0,28 μM. Além disso, registou-se uma tendência decrescente nas concentrações de TP mais a jusante da estação de descarga de efluentes. Foi registada uma variação espacial significativa nas concentrações de TP entre estações de amostragem ($p=0,000$) e um teste de acompanhamento post-hoc confirmou que a ST 1 tinha uma concentração de TP significativamente mais baixa do que as ST 2 e ST 3 ($p<0,001$), bem como a ST 4 ($p<0,01$) (Figura 19). As variações mensais das concentrações de TP são apresentadas na Figura 18. Os valores variaram entre 0,54 μM e 7,42 μM registados em fevereiro de 2009 no ST 1 e outubro de 2008 no ST 3, respetivamente. Não houve diferença estatística significativa nas concentrações médias de TP (p=0,243) entre as duas estações do ano: estação seca (2,17 ± 0,22 μM) e estação chuvosa (2,68±0,35 μM) (Tabelas 1, 2 e 3).

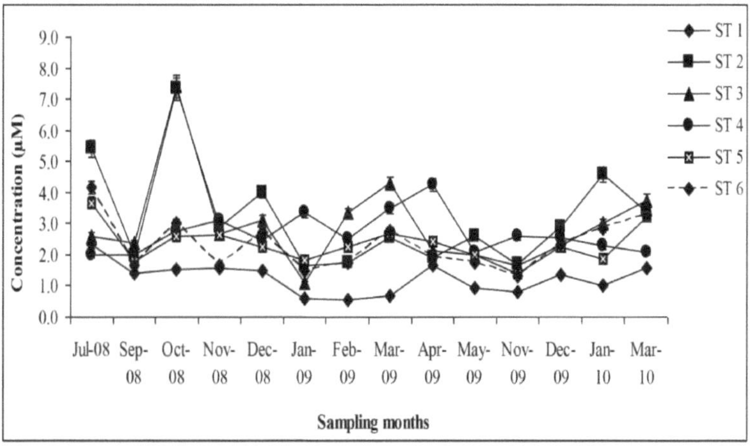

Figura 18: Variações mensais nas concentrações de fósforo total registadas em seis estações de amostragem na exploração de camarão Mafia durante o período de estudo

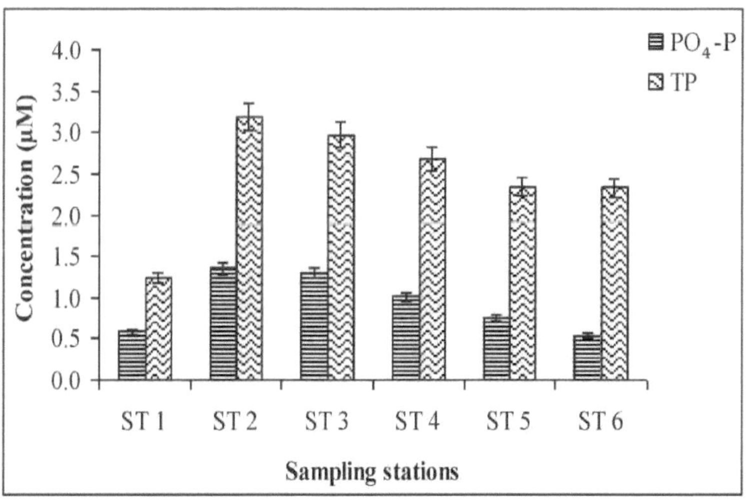

Figura 19: Variações espaciais (média±SE) nas concentrações de nutrientes de fósforo registadas durante o período de estudo na exploração de camarão de Mafia

Tabela 4: Coeficientes de correlação de Pearson (r) para os parâmetros de qualidade da água determinados durante o período de estudo na exploração de camarão Mafia

Para metro	*Chl-a*	Turbidez	Salinidade	CE	DO	pH	Temp	PO4-P	NH -N_4	NO3-N	NO2-N

Chl-a	1										
Turbidez	0.376	1									
Salinidade	0.363	-0.427	1								
CE	0.590	0.202	0.646	1							
DO	0.730	0.239	0.538	**0.917**	1						
pH	0.359	-0.122	0.748	**0.936**	0.796	1					
Temp	0.510	0.824	-0.555	0.016	0.113	-0.284	1				
PO4-P	0.377	-0.127	**0.869**	**0.871**	0.793	**0.905**	-0.423	1			
NH -N_4	0.481	0.065	0.774	**0.905**	0.875	**0.868**	-0.256	**0.976**	1		
NO3-N	0.621	0.824	0.065	0.542	0.638	0.234	0.522	0.375	0.558	1	
NO2-N	0.456	0.022	0.779	**0.927**	**0.879**	**0.912**	-0.276	**0.983**	**0.995**	0.500	1

Negrito - denota coeficiente de correlação significativo (p <0,05); Chl- *a* - clorofila-a ; Temp - temperatura.

3.3 Caraterísticas dos parâmetros dos sedimentos

As variações nas caraterísticas físico-químicas obtidas nos sedimentos de fundo durante o presente estudo são descritas a seguir:

3.3.1 Azoto total na água de poros dos sedimentos

A concentração mais elevada de TN na água dos poros foi determinada no ST 5 (64,05 ± 9,22 μM), concentrações moderadas no ST 6 (34,43 ± 4,27 μM) e a mais baixa no ST 1 (33,75 ± 2,95 μM), com uma concentração média global de 45,15 ± 4,88 μM. Embora os resultados não tenham revelado um padrão espacial claro, o riacho de efluentes registou geralmente a concentração mais elevada. O teste ANOVA revelou uma diferença significativa na concentração de TN entre as estações de amostragem (p=0,022). Os testes de comparação post-hoc indicaram uma concentração média de TN significativamente mais elevada na ST 5 do que nas ST 1 e ST 6 (p<0,05) (Figura 20).

3.3.2 Fósforo total no sedimento Água de poro

No presente estudo, as concentrações de TP variaram entre 18,71 ± 3,52 μM registados no ST 1 e 27,15 ± 4,49 μM no ST 5; com o valor global de 21,97 ± 1,26 μM. De um modo geral, não se verificou um padrão espacial claro, embora o riacho do efluente tenha registado as concentrações mais elevadas de TP na água intersticial. Estatisticamente, não se registou uma diferença significativa nas concentrações médias de TP da água intersticial entre as estações de estudo (p=0,618; Figura 20).

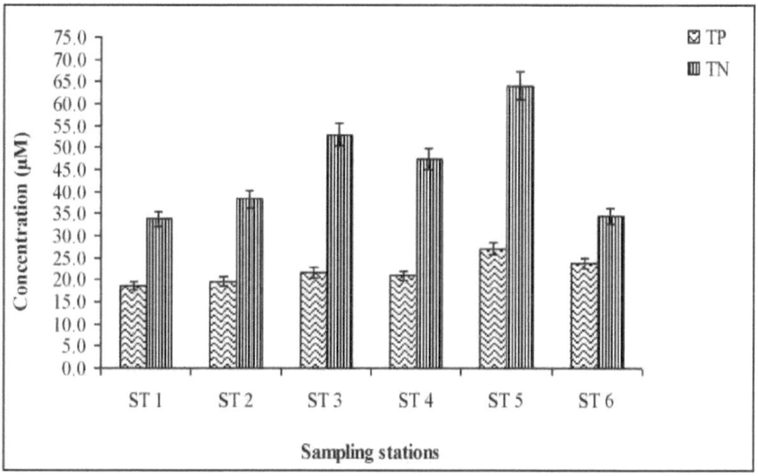

Figura 20: Variações espaciais (média±SE) das concentrações de TN e TP na água dos poros do sedimento registadas durante o período de estudo na exploração de camarão de Mafia

3.3.3 Teor de matéria orgânica dos sedimentos

O teor médio de MO (LOI %) do sedimento de fundo foi relativamente baixo; variando de 0,80 ± 0,13% na ST 5 a 1,68 ± 0,21% na ST 1, com o valor médio geral de 1,21 ± 0,16%. A análise estatística revelou variações espaciais significativas entre as estações de amostragem ($p<0,000$) e um teste post-hoc mostrou que a ST 1 registou um valor médio de OM significativamente mais elevado em comparação com as ST 4 e ST 5 ($p<0,01$), e ST 6 ($p<0,05$). Do mesmo modo, a ST 2 registou um teor médio de MO significativamente mais elevado do que a ST 5 ($p<0,05$) e o valor médio na ST 3 foi significativamente mais elevado do que nas ST 4 e ST 5 ($p<0,05$). Em geral, as estações de amostragem ao longo da ribeira de efluentes registaram o teor médio de matéria orgânica mais baixo do que as outras estações de amostragem (Quadro 5).

Tabela 5: Variações espaciais da composição granulométrica do sedimento e do teor de matéria orgânica (média±SE) determinadas durante o período de estudo na exploração de camarão de Mafia

Estação	Areia (%)	Silte/argila (%)	Matéria orgânica (%)
ST 1	92.57 ± 0.8	7.0 ± 0.6	1.68 ± 0.21
ST 2	96.11 ± 0.63	3.53 ± 1.71	1.48 ± 0.18
ST 3	97.49 ± 3.21	2.07 ± 0.53	1.51 ± 0.15
ST 4	92.71 ± 1.09	6.89 ± 1.29	0.85 ± 0.10
ST 5	95.69 ± 1.56	4.06 ± 0.46	0.80 ± 0.13
ST 6	98.7 ± 5.12	1.01 ± 1.0	0.97 ± 0.14

3.3.4 Composição da textura dos sedimentos

Entre as estações de amostragem, houve uma pequena variação na composição das partículas do sedimento (textura) em termos de percentagem relativa de areia (>0,063 mm), argila (<0,002 mm) e silte (0,002-0,063 mm), conforme apresentado na Tabela 5. Em todas as estações, o teor de areia teve a maior proporção em relação ao teor de silte e argila. As proporções médias de areia variaram entre 92,57 ± 0,8% registados na estação ST 6 e 98,7 ± 5,12% na estação ST 1, com o valor médio global de 95,54 ± 1,02%. Outros picos de fracções de areia foram registados em ST 2 e ST 3, que são as estações de amostragem encontradas dentro dos tanques de cultura de camarão. Alternativamente, as percentagens de teor de silte/argila variaram entre 1,01 ± 1,0% e 7,0 ± 0,6% obtidas na ST 6 e ST 1, respetivamente. O valor médio global para as fracções silte/argila foi de 4,09 ± 1,00%.

3.4 Estrutura da Comunidade e Índices de Diversidade de Macroinvertebrados Bentónicos

As variações na estrutura da comunidade e nos índices de diversidade dos macroinvertebrados bentónicos obtidos nos sedimentos de fundo para o presente estudo são descritas a seguir:

3.4.1 Composição e distribuição

A composição e a distribuição dos macro-invertebrados bentónicos recolhidos na exploração de camarões de Mafia durante o período de estudo são apresentadas na Tabela 6. Um total de 338 indivíduos e 17 famílias pertencentes essencialmente a 2 grupos zoológicos de anelídeos e artrópodes foram recolhidos e identificados durante o período de estudo em diferentes estações de amostragem. Os anelídeos, representados pelos vermes poliquetas com 13 famílias, foram os taxa mais abundantes e representaram 82,54% dos animais bentónicos enumerados. As famílias eunicidae, phyllodocidae, hesionidae e nereidae constituíram o grupo mais abundante. As famílias Penaeidae e ocypodidae dominam as famílias de artrópodes/crustáceos (17,46%) e são os organismos mais abundantes recolhidos. Os eunicídeos do filo anelídeo foram o grupo mais abundante, contribuindo com 27,22% da contagem total de macroinvertebrados bentónicos. As famílias de anelídeos ophellidae, capitellidae, oniscidae, trichobranchidae e glyceridae foram também observadas, mas com uma frequência inferior a 1,0%. Os artrópodes (crustáceos) foram representados por membros da família penaideae, ocypodidae, e membros da ordem amphipods e lagostas.

As estações de amostragem na ribeira de efluentes (ST 4, ST 5 e ST 6) representaram 86,98% (294 indivíduos) da população total, sendo a maioria membros das famílias de anelídeos. O ST 4 foi o que mais contribuiu (35,8%; 121 indivíduos) para o número total de indivíduos. O ST 1, no riacho de entrada, que registou 38 indivíduos, representou 11,24% do número total de macro-invertebrados bentónicos, geralmente dominados pelos artrópodes selvagens do mangal, representados principalmente por penaeidae, ocypopidae e anfípodes. As estações situadas no interior dos tanques de aquicultura (ST 2 e ST 3) registaram o menor número de indivíduos (6) e representaram 1,78% do número total de indivíduos encontrados durante o período de amostragem, sendo provável que se trate de animais cultivados (Quadro 6).

Respetivamente, foi registado um total de 95 e 243 indivíduos durante a estação seca e a estação das chuvas. Durante a estação seca, o número mais elevado foi de 39 indivíduos registados na estação ST 4, enquanto a estação ST 1 registou o valor mais baixo de 15 indivíduos. Mais uma vez, durante a estação das chuvas, a ST 4 registou o número mais elevado de 79 indivíduos em comparação com as outras estações e o valor mais baixo de 23 indivíduos foi observado na ST 1 (Figura 21). A análise estatística revelou variações não significativas (p=0,484) entre o valor médio para as estações seca (0,48 ± 0,12) e chuvosa (0,65 ± 0,2). No entanto, as estações dentro dos tanques de aquacultura (ST 2 e ST 3) com recolhas insignificantes não foram consideradas para esta comparação.

Quadro 6: Variações espaciais na composição e distribuição dos macro-invertebrados bentónicos recolhidos durante o período de estudo na exploração de camarão de Mafia

Taxa	Número de indivíduos						Total	Composição percentual dos principais taxa
	ST 1	ST 2	ST 3	ST 4	ST 5	ST 6		
Anelídeos								
Hesionídeos	0	0	0	35	9	1	45	13.31
Nereídeos	1	0	0	30	4	4	39	11.54
Phyllodocidae	0	0	0	18	10	30	58	17.16
Syllidae	0	0	0	8	0	0	8	2.37
Nephtyidae	5	0	0	4	0	0	9	2.66
Eunicídeos	0	0	0	2	40	50	92	27.22
Glicerídeos	1	0	0	0	0	0	1	0.30
Amphinomidae	0	1	0	2	4	2	9	2.66
Ophellidae	2	0	0	0	1	0	3	0.89
Trichobranchidae	2	0	0	0	0	0	2	0.59
Oniscidae	1	1	0	0	0	0	2	0.59
Capitellidae	0	0	0	3	0	0	3	0.89
Spionidae	0	0	0	2	6	0	8	2.37
Artrópodes								
Ocypodidae	7	1	1	4	1	0	14	4.14
Penaeidae	12	0	2	13	0	6	33	9.76
Anfípodes	7	0	0	0	4	0	11	3.25
Lagostas de lama	0	0	0		1	0	1	0.30
Número total por estação de amostragem	38	3	3	121	80	93	338	100
Composição percentual das estações	11.24	0.89	0.89	35.8	23.67	27.51	100	-

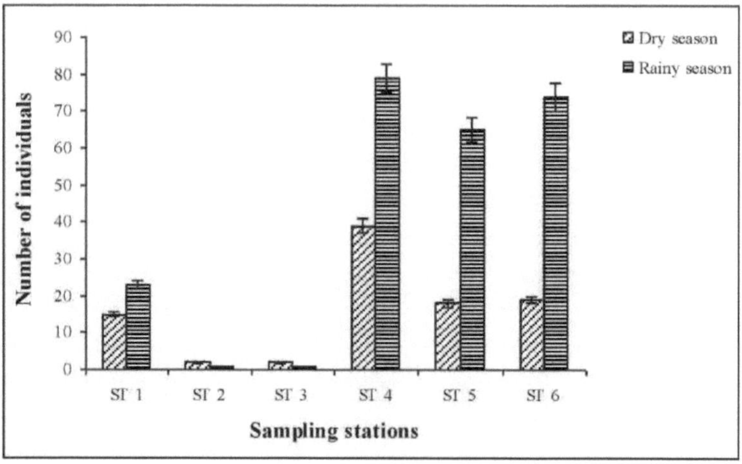

Figure 21: Variações sazonais na composição e distribuição dos macro invertebrados bentónicos recolhidos durante o período de estudo na exploração de camarão de Mafia

3.4.2 Abundância

A Figura 22 mostra a abundância/densidade média de macro-invertebrados bentónicos em várias estações de amostragem durante o período de estudo. As densidades médias estimadas foram muito variáveis entre as estações de amostragem e as maiores densidades foram observadas nas estações de amostragem situadas ao longo da ribeira de efluentes: ST 4 (602,24 m2), ST 5 (423,61 m2) e ST 6 (474,65 m2). Do mesmo modo, a estação de amostragem na ribeira de entrada (ST 1) registou uma densidade média relativamente baixa de macro-invertebrados bentónicos (193,94 m2). As densidades mais baixas (cerca de 15,31 m2) foram observadas em ST 2 e ST 3, as estações de amostragem localizadas dentro de tanques de cultura. Os resultados da ANOVA revelaram uma variação significativa na densidade média entre as estações de amostragem (p=0,000). Uma análise post hoc subsequente mostrou que a densidade nas ST 2 e ST 3 era significativamente mais baixa do que a densidade determinada na ST 4 (p<0,01).

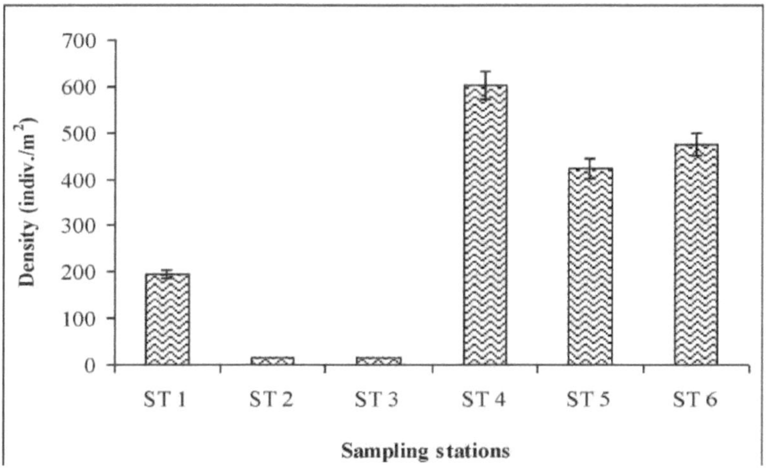

Figura 22: Variações espaciais na densidade (média±SE) de macro-invertebrados bentónicos recolhidos durante o período de estudo na exploração de camarão de Mafia.

As variações sazonais da densidade de macro-invertebrados bentónicos são apresentadas na Figura 23. A densidade média mais elevada (851,47±415,55 m2) foi registada durante o mês chuvoso de janeiro de 2010, enquanto a densidade mais baixa (88,46±58,51 m 2) foi determinada no mês seco de janeiro de 2009. No entanto, não houve variação temporal significativa na densidade média durante o período de estudo (p=0,148). No entanto, situações incontornáveis impediram a amostragem durante cinco meses consecutivos, entre junho de 2009 e outubro de 2009.

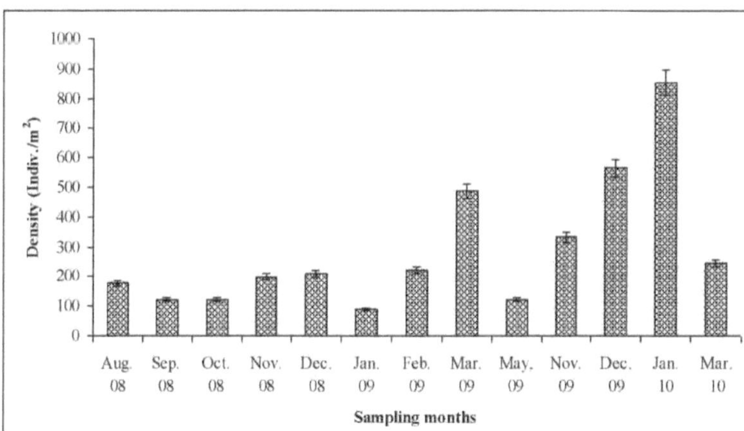

Figura 23: Variações mensais da densidade (média±SE) dos macro-invertebrados bentónicos recolhidos durante o período de estudo na exploração de camarão de Mafia

3.4.3 Os taxa dominantes

Os resultados relativos às variações gerais e sazonais da abundância relativa dos principais taxa de macro-invertebrados bentónicos são apresentados no Quadro 7. De um modo geral, a densidade faunística variou de um mínimo de 66,35±12,11 ind.m^{-2} para ocypodidae e a combinação de taxa menores (outros) a um máximo de 641,37±22,12 ind.m^{-2} para phyllodocidae e a densidade média global foi de 210,83±66,31 ind.m^{-2} . Além disso, as variações sazonais mostram que a abundância média mais elevada foi registada durante a estação das chuvas (233,92±65,49 ind.m^{-2}) do que durante a estação seca (133,62±52,16 ind.m^{-2}), mas a análise estatística (teste *t* não pareado) revelou uma variação não significativa (t = 1,198, p = 0,2436).

Quadro 7: Variações da abundância relativa dos taxa de macro-invertebrados bentónicos recolhidos durante o período de estudo na exploração de camarão de Mafia

Taxa	Percentagem (%)	Abundância (ind.m)$^{-2}$		
		Em geral	Estação seca	Época das chuvas
Hesionídeos	13.31	161.13±46.6	199.04±72.93	174.16±72.14
Nereídeos	11.54	184.83±35.36	82.94±16.59	225.58±33.83
Phyllodocidae	17.16	641.37±22.12	663.48±0.00	630.31±33.17
Syllidae	2.37	132.7±33.17	165.87±0.00	99.52±0.00
Nephtyidae	2.66	149.28±116.11	33.17±0.00	265.39±0.00
Eunicídeos	27.22	508.67±274.19	33.17±0.00	746.42±362.52
Amphinomidae	2.66	149.28±49.76	149.28±49.76	0
Spionidae	2.37	132.7±66.35	0	132.7±66.35
Ocypodidae	4.14	66.35±22.89	33.17±0.00	79.62±30.76
Penaeidae	9.76	154.81±67.26	165.87±54.17	215.63±49.76
Anfípodes	3.25	182.46±49.76	0	182.46±49.76
Outros	3.55	66.35±12.11	77.41±11.06	55.29±22.12

3.4.4 Índices Univariados de Diversidade Ecológica

Respetivamente, os Quadros 8 e 9 resumem as variações espaciais e temporais dos índices de diversidade dos macro-invertebrados bentónicos recolhidos na exploração de camarão de Mafia durante o período de estudo. Os seus valores são os índices médios calculados a partir de todas as espécies/taxa recolhidas por ocasião de amostragem durante o período de estudo. No entanto, as estações ST 2 e ST 3 foram ignoradas destas comparações, uma vez que apresentaram contagens quase negligenciáveis ou nulas em todas as ocasiões de amostragem.

Quadro 8: Variações espaciais dos índices de diversidade ecológica dos macro-invertebrados bentónicos determinados durante o período de estudo na exploração de camarão de Mafia

Índices de diversidade	Estações de amostragem						
	ST 1	ST 2	ST 3	ST 4	ST 5	ST 6	valor de p
Número de amostras (N)	13	13	13	13	13	13	na

Número de indivíduos	38	3	3	121	80	93	na
Número de taxa (famílias)	9	3	2	11	10	6	na
Riqueza de taxa (índice margalef) (d)	0.39	0	0	0.58	0.33	0.33	0.5804^{ns}
Índice de Shannon-Wiener (H')	0.30	0	0	0.60	0.31	0.26	0.2202^{ns}
Índice de uniformidade de Pielou (J)	0.35	0	0	0.61	0.37	0.16	0.0507^{ns}
Índice de diversidade de Simpson (1-D)	0.19	0	0	0.36	0.16	0.11	0.0428*

na = não aplicável; ns = não significativo; *= os valores na coluna são significativamente diferentes (p<0,05).

3.4.4.1 Índice de riqueza de taxa de Margalef

Os valores mais baixos da riqueza média de taxa (d) foram determinados nas estações ST 6 (0,33±0,17) e ST 5 (0,33±0,10), enquanto o valor mais elevado (0,58±0,14) foi registado na estação ST 4. O teste ANOVA de uma via revelou diferenças não significativas na riqueza média de taxa entre as estações de amostragem (p = 0,580) (Tabela 8). Numa perspetiva temporal, o índice de riqueza de taxa foi mais elevado durante a estação seca (0,42±0,07) do que durante a estação das chuvas (0,40±0,08). Não foi observada uma variação significativa no índice médio de riqueza de taxa entre as duas estações (p=0,833) (Tabela 9).

3.4.4.2 Índice de Diversidade de Shannon-Wiener

Como mostra o Quadro 8, os valores médios do índice de diversidade de Shannon-Wiener (H') variaram entre 0,26 ± 0,16 registados na ST 6 e 0,60 ± 0,13 obtidos na ST 4. Do mesmo modo, a ST 1 e a ST 5 tiveram valores de H' quase iguais, de 0,30 ± 0,12 e 0,31 ± 0,10, respetivamente. Os resultados da ANOVA mostraram uma diferença não significativa no índice de Shannon entre as estações de amostragem (p=0,220). Além disso, o valor médio de H' registado durante a estação seca (0,36 ± 0,11) foi inferior ao valor da estação chuvosa (0,39 ± 0,07), embora tenham sido detectadas diferenças não significativas entre as duas estações após a análise *do teste t* (p=0,884) (Quadro 9).

3.4.4.3 Índice de uniformidade de Pielou

Os valores médios do índice de regularidade (J') variaram entre 0,16 ± 0,09 e 0,61 ± 0,12 determinados nas estações ST 6 e ST 4, respetivamente. No entanto, o teste estatístico revelou variações não significativas no índice de regularidade médio entre as estações de amostragem (p=0,0507) (Quadro 8). No que respeita à Tabela 9, o índice de regularidade médio calculado para a estação das chuvas (0,34 ± 0,09) foi inferior ao valor da estação seca (0,42 ± 0,07). No entanto, não se registaram diferenças significativas nos valores médios do índice de regularidade de Pielou determinados entre as duas estações de amostragem (p=0,50).

3.4.4.4 Índice de Diversidade de Simpson (1-D)

Os valores médios do índice de diversidade de Simpson variaram de 0,11 ± 0,05 a 0,36 ± 0,07 determinados na ST 6 e ST 4, respetivamente (Tabela 8). O teste ANOVA de uma via mostrou diferença significativa entre as estações de amostragem (p<0,042). As comparações post-hoc subsequentes indicaram que a ST 4 tinha um valor médio significativamente mais elevado do que a ST 6 (p<0,05). A análise sazonal mostrou um valor mais elevado (0,24 ± 0,05) durante a estação chuvosa em comparação com a estação seca (0,17 ± 0,06). No entanto, os valores médios (1-D) para as duas estações não variaram significativamente (p=0,434) (Tabela 9).

Tabela 9: Variações sazonais nos índices de diversidade ecológica dos macro-invertebrados bentónicos determinados durante o período de estudo na exploração de camarão

Índices	Média ± SE		Valores estatísticos		
	Época das chuvas	Estação seca	valor *t*	valor df	valor de p
Riqueza de taxa (índice margalef) (d)	0.40 ± 0.08	0.42 ± 0.07	0.2191	6	0.8338 ns
Índice de Shannon-Wiener (H')	0.39 ± 0.07	0.36 ± 0.11	0.1514	6	0.8846 ns
Índice de uniformidade de Pielou (J)	0.34 ± 0.09	0.42 ± 0.07	0.7174	6	0.5001 ns
Índice de diversidade de Simpson (1-D)	0.24 ± 0.05	0.17 ± 0.06	0.8376	6	0.4343ns

ns = não significativo

3.4.5 Similaridade da composição da comunidade

O quadro 10 apresenta as semelhanças entre as estações de amostragem no que respeita à composição da comunidade, calculadas através do quociente de S0rensen de semelhança da comunidade (QS). O teste QS mostrou que a ST 4 e a ST 5 tinham um quociente de semelhança mais elevado (QS = 80%) em comparação com o baixo quociente de semelhança (QS = 18,18%) calculado entre a ST 3 e a ST 5. Os valores de QS também foram bastante mais elevados entre as comunidades ST 4 e ST 6 (QS = 70,59%) e entre as comunidades ST 5 e ST 6 (QS = 66,67%).

Tabela 10: Percentagem do Quociente de similaridade de S0renson determinado durante o período de estudo na exploração de camarão Mafia

Estação	ST 1	ST 2	ST 3	ST 4	ST 5	ST 6
ST 1						
ST 2	44.44					
ST 3	50.00	40.00				
ST 4	58.82	42.86	30.77			
ST 5	53.33	50.00	18.18	80.00		
ST 6	33.33	22.22	25.00	70.59	66.67	

CAPÍTULO 4 DEBATE

Este estudo procurou examinar os impactos ambientais da aquacultura comercial costeira de camarão operada num sistema semi-intensivo na Ilha de Mafia, Tanzânia. Foi dada especial atenção às alterações relativas de alguns parâmetros-chave da qualidade da água, como a temperatura, o oxigénio dissolvido, o pH, a salinidade, a condutividade eléctrica, a turvação, os nutrientes dissolvidos (compostos de N e P) e a *clorofila.* O estudo também teve como objetivo determinar o efeito que este desenvolvimento tem nas propriedades físico-químicas dos sedimentos de fundo, bem como na estrutura da comunidade de macro-invertebrados bentónicos. Assim, os resultados das caraterísticas físico-químicas e biológicas investigadas da coluna de água e dos sedimentos de fundo são discutidos em pormenor a seguir.

4.1 Parâmetros meteorológicos

Com base nos registos da TMA sobre o padrão de precipitação durante o período deste estudo (Figura 2; Tabela A1), é possível delinear, de um modo geral, as duas principais estações: a estação seca, nos meses de maio a setembro, e a estação das chuvas, nos meses de outubro a abril.

4.2 Aquacultura costeira e parâmetros de qualidade da água

Temperatura da água: A temperatura da água é de enorme importância, uma vez que regula várias caraterísticas abióticas e actividades bióticas de um ecossistema aquático (Ekubo e Abowei, 2011[a] ; Bhadja e Kundu, 2012). A temperatura média da água (30,28 ± 0,21° C; Figura 6) registada durante o presente estudo estava bem dentro dos limites desejados de 25-32°C para o crescimento normal e sobrevivência de organismos aquáticos no ambiente aquático tropical, bem como condições favoráveis para as actividades de aquicultura tropical (Ndome *et al.*, 2012). O valor significativamente alto (31,06 ± 0,13° C) da temperatura da água superficial observado durante a estação chuvosa (Figura 3; Tabela 3) poderia provavelmente ser atribuído à alta temperatura atmosférica da monção NE. Esta observação é consistente com os relatórios anteriores de Bryceson (1982), McClanahan (1988), Mengesha *et al.* (1999) e Lugomela *et al.* (2002) após os seus estudos ao longo da costa da África Oriental. Variações insignificantes na temperatura da água entre estações de amostragem e estações como observado no presente estudo poderiam ser explicadas pela afirmação feita por Nkwoji *et al.* (2010) de que a temperatura não é um fator importante nos ecossistemas aquáticos tropicais.

Oxigénio dissolvido (DO): O OD é extremamente importante para a vida aquática e, por conseguinte, é considerado como uma medida importante de pureza para todas as águas. O limite mínimo de concentrações de OD adequadas para a vida aquática recomendado pelas normas da Global Aquaculture Alliance (GAA) é de 4 mg/l (Ideriah *et al.*, 2010) e 3 mg/l para a criação de camarão marinho (Ferreira *et al.*, 2011). Quando comparadas com todas estas normas, as concentrações de DO observadas durante o presente estudo (média: 5,77±0,28 mg/l) estavam dentro dos limites de segurança, o que sugere que as actividades de cultivo de camarão nas instalações aquícolas de Mafia não tiveram um impacto negativo significativo neste parâmetro de qualidade da água até ao momento do presente estudo. No que respeita às concentrações significativamente mais baixas de OD observadas no ST 1 (4,63±0,23 mg/l) (Figura 6), podem ser parcialmente atribuídas à presença de uma elevada concentração de materiais orgânicos biodegradáveis nos sedimentos dessa área

(Tabela 5).

Este material biodegradável é mais exigente em termos de oxigénio durante a sua decomposição bacteriana (Avnimelech e Ritvo, 2003; Pandey e Malik, 2008; Abowei, 2010; Turkoglu, 2010). Do mesmo modo, a decomposição da matéria vegetal do mangal circundante (ver placas 1 e 2) na ST 1 (estação de controlo), poderia também levar a um aumento da desoxigenação devido ao consumo acelerado de oxigénio devido à decomposição biológica da matéria orgânica. De acordo com Stromberg *et al.* (1998), Manna *et al.* (2003) e Chagas e Suzuki (2005), as florestas de mangue contribuem com as maiores cargas de materiais orgânicos no ecossistema aquático tropical.

As concentrações relativamente elevadas de DO nos tanques de aquacultura de camarão (6,77±0,35 mg/l) parecem estar associadas ao arejamento mecânico (ver placas 6 e 7) e ao aumento da biomassa fitoplanctónica, com o consequente aumento das actividades fotossintéticas, como confirmado pelas elevadas concentrações de *clorofila-a* registadas. Assim, a elevada concentração de DO registada no ST 4 (Figura 6) pode, por sua vez, ser o resultado direto da entrada de água efluente rica em DO proveniente dos tanques de aquacultura de camarão. Além disso, o regime favorável de DO nos viveiros de aquacultura de camarão pode também ser causado pela necessidade insignificante de respiração das actividades bacterianas aeróbias como resultado da aplicação de fertilizantes químicos, que conduzem a uma baixa carga orgânica. Essas observações são comparáveis às de Elnady *et al.* (2010), que relataram baixas concentrações de OD em tratamentos com fertilizantes orgânicos e altas em instalações de piscicultura tratadas com fertilizantes químicos.

Numa perspetiva temporal, a concentração mais elevada de OD (6,48 ± 0,13 mg/l) durante a estação seca (Figura 4; Quadros 1 e 3) pode ser descrita como resultado de um aumento da solubilidade do oxigénio a baixa temperatura da água e de uma elevada reoxigenação da água causada pela elevada turbulência da água que ocorreu devido às condições de vento da monção SE. Factores semelhantes para as flutuações sazonais nas concentrações de DO também foram explicados na costa da África Oriental (Kyewalyanga e Mwandya, 2004), bem como noutras águas costeiras tropicais (Masuda e Boyd, 1994; Rajasegar, 2003; Gadhia *et al.*, 2012). Além disso, uma temperatura da água presumivelmente mais baixa durante a estação seca também retardaria a decomposição microbiana de materiais orgânicos nos sedimentos. O padrão sazonal nas concentrações de DO observado no presente estudo é comparável aos relatados por Bryceson (1982), Mengesha *et al.* (1999), Lugomela *et al.* (2002) e Mirera (2011) nos seus estudos ao longo da costa da África Oriental.

Salinidade: O alto nível de salinidade observado nos tanques de cultura (ST 2 e ST 3) em comparação com outras estações (Figura 6) pode ser resultado principalmente das taxas de evaporação relativamente altas da água dos tanques confinados, bem como da elevada concentração de sólidos dissolvidos dos insumos de aquicultura aplicados, como fertilizantes químicos. As descobertas de Guerrero-Galvan *et al.* (1999), Samocha *et al.* (2004) e Kumar *et al.* (2012) dos sistemas de aquicultura de camarão parecem apoiar esta suposição.

Sazonalmente, os valores de salinidade registados no presente estudo mostraram um padrão invulgar (inverso) em comparação com a maioria da literatura consultada (por exemplo, Cowan *et al.*, 1994; Guerrero-Galvan *et al.*, 1999; Mmochi *et al.*, 2002; Mirera, 2011), uma vez que foram registados valores de salinidade significativamente mais elevados durante a estação chuvosa (33,96±0,79 psu) do que na estação seca

(30,51±0,65 psu) (Tabela 3). Este padrão sazonal invulgar pode provavelmente ser atribuído à temperatura ambiental elevada durante a monção NE e ao consequente aumento do conteúdo iónico causado pela degradação acrescida das matérias orgânicas. Do mesmo modo, a temperatura ambiental elevada durante a monção NE poderia ter favorecido os elevados graus de evaporação com o consequente aumento das concentrações de sais, provavelmente superior à diluição da água da chuva. Explicações comparáveis foram feitas pelos estudos de outros ecossistemas aquáticos tropicais (por exemplo, Chagas e Suzuki, 2005; Manikannan *et al.*, 2011). A ausência de escoamento superficial nas proximidades da área de estudo também pode estar associada à diluição insignificante com água doce, produzindo assim valores de salinidade relativamente elevados registados durante a estação das chuvas. Nos seus estudos, Diana *et al.* (1991), Jennerjan *et al.* (2009) e Manikannan *et al.* (2011) associaram os baixos valores de salinidade registados durante a estação das chuvas à precipitação intensa e à grande quantidade de água doce afluente.

Além disso, os padrões de precipitação anómalos observados durante todo o período do presente estudo, tais como precipitações elevadas durante os meses de seca "curtos" esperados (por exemplo, janeiro-fevereiro de 2010; Figura 2; Quadro A1), também podem ser considerados para a sazonalidade atípica das caraterísticas de salinidade registadas durante o presente estudo. Do mesmo modo, uma relação positiva entre a salinidade e os valores de CE, bem como os nutrientes dissolvidos, pode ajudar a explicar parcialmente o padrão inverso de salinidade observado neste estudo. Esta relação implica uma origem comum destes parâmetros, ou seja, a decomposição e mineralização da matéria orgânica activada pelo aumento da temperatura da água durante a monção NE. Essa presunção coincide com as explicações anteriores de Chagas e Suzuki (2005), Krishnan (2008) e Carvalho *et al.* (2010).

Condutividade eléctrica (CE): Neste estudo, pode presumir-se que os agroquímicos aplicados, os alimentos suplementares e os excrementos dos animais criados são as principais fontes de substâncias iónicas observadas no sistema de aquacultura. Da mesma forma, a CE mostrou correlações positivas significativas com o OD, pH, PO4 P, NH4-N e NO2-N (Tabela 4), uma relação também encontrada por Mishra *et al.* (2008) e Bhaja e Kundu (2012) em ambientes de aquicultura. Tais relações podem implicar que o aumento dos níveis de OD (Figura 6) no sistema de aquacultura de camarão Mafia poderia ter favorecido a decomposição biológica da matéria orgânica e, consequentemente, a libertação de substâncias iónicas como nutrientes para a coluna de água. Além disso, as concentrações mais elevadas observadas de CE nos tanques de aquicultura de camarão (48377,78-48667,67 µS⁄cm) do que as estações ao longo do riacho efluente (44877,7846411,11 µı S/cm) podem ser devidas a altas taxas de evaporação da água do tanque confinado e uma subsequente alta concentração de sal/iões. Esta observação é consistente com os estudos de Guerrero-Galvan *et al.* (1999), Samocha *et al.* (2004) e Kumar *et al.* (2012) nos sistemas de aquacultura. A gama de CE (41767-48667 L.iS/cm) registada durante o presente estudo foi ligeiramente superior à gama de CE de 20000-36100 µScm registada por Ideriah *et al.* (2010) nas costas dos ecossistemas tropicais com impacto industrial. Isto deve-se provavelmente à diluição dos efluentes industriais numa grande massa de água costeira, em comparação com os compartimentos de água mais pequenos do presente estudo. No entanto, os valores de CE para o presente estudo estavam dentro da faixa aceitável (30.000-5.000.000 µS⁄cm) para a aquicultura de peixes de lago, conforme relatado por Bhatnagar e Devi (2013). Assim, os resultados para este estudo sugerem que as atividades de cultivo no sistema de aquicultura Mafia não mostraram influência indesejável sobre este parâmetro, muito provavelmente, devido à menor carga orgânica na fazenda de camarão adequadamente gerenciada. Outros factores podem incluir a infância e a pequena quantidade de resíduos da aquacultura de camarão de funcionamento único e parcial. De acordo com Setiarto e Suradi (1999), os efluentes de uma exploração de aquacultura apresentam pouca ou nenhuma ameaça para os ecossistemas costeiros. No entanto, as ligeiras variações observadas entre as estações podem estar associadas aos aditivos químicos aplicados aos tanques de aquacultura com o objetivo de melhorar a produção, bem como aos excedentes de ração e excrementos dos animais criados.

Sazonalmente, a concentração mais elevada de CE (48272±988,43 μ S/cm) registada durante a estação chuvosa em comparação com o valor da estação seca (44742±1155,4 μS/"cm), pode provavelmente ser causada por um aumento da temperatura da água, resultando num aumento da taxa de decomposição e mineralização da matéria orgânica e, consequentemente, na libertação de substâncias iónicas para a coluna de água. O estudo de Ojutiku e Kolo (2011) apoia esta observação através da sua conclusão de que: "quanto mais quente a água, maior a condutividade". Além disso, os valores elevados de condutividade eléctrica durante a monção NE (estação das chuvas) podem dever-se a taxas de evaporação elevadas que excedem a entrada de água doce pela chuva, resultando numa elevada concentração de sal. Por outro lado, o aumento da utilização de nutrientes pelos fitoplânctons, bem como a diminuição da taxa de mineralização da matéria orgânica devido à redução da temperatura da água, podem ter baixado a CE durante a monção SE (estação seca) em comparação com a estação das chuvas. Estes resultados são comparáveis com os de outros trabalhadores em massas de água tropicais (Mengesha *et al.*, 1999; Atobatele e Ugwumba, 2008; Dan-kishiya e Chiaha, 2012).

pH: No presente estudo, os valores de pH variaram entre 7,15 ± 0,24 na ST 1 (estação de controle) e 7,41 ± 0,15 na ST 2 (tanque de aquicultura) (Figura 11), o que indica que a água era ligeiramente alcalina e seu valor estava dentro dos limites permitidos de 6,0-9,0 prescritos por diferentes esquemas padrão para ecossistemas estuarinos e marinhos (Boyd e Pillai, 1984; Boyd e Green, 2002; Boyd, 2003). Assim, o sistema de aquacultura de camarão Mafia não teve um impacto significativo no pH do ambiente que recebe os efluentes da exploração, enquanto que a pequena elevação dos valores de pH registados nos tanques de aquacultura (ST 2 e ST 3) se deveu principalmente aos aditivos químicos aplicados, como a cal agrícola (CaCO3). Alternativamente, os valores de pH apresentaram fortes correlações positivas com as concentrações de CE, PO4-P, NH4-N, NO2-N e DO (Quadro 4). Estas relações podem ser a indicação de que a flutuação do pH na área de estudo foi controlada pelo envolvimento destas variáveis nos processos de fotossíntese e decomposição de materiais orgânicos. A fotossíntese pelo fitoplâncton é responsável pela utilização eficiente do carbono dissolvido, aumenta o teor de oxigénio e o pH da coluna de água e acelera a taxa de nitrificação, resultando numa elevada concentração de iões dissolvidos e nutrientes inorgânicos que aceleram ainda mais a produtividade do fitoplâncton (Hopkins *et al.*, 1993; Guerrero-Galvan *et al.*, 1999; Seema *et al.*, 2005; Thomas *et al.*, 2010; Ndome *et al.*, 2012).

As flutuações sazonais observadas nos valores de pH neste estudo podem ser associadas principalmente a variações no consumo e na libertação de dióxido de carbono durante a fotossíntese e a respiração. Assim, um valor de pH mais elevado durante a estação das chuvas (7,61±0,04) do que na estação seca (6,94±0,07) pode provavelmente ser atribuído à ocorrência de actividades fotossintéticas elevadas durante a estação das chuvas, tal como refletido pelas elevadas concentrações de clorofila *a* (Quadro 3). Tendências sazonais comparáveis nos valores de pH também foram relatadas em outros sistemas de aquicultura costeira tropical por Rajasegar (2003), Kyewalyanga e Mwandya (2004) e Nyanti *et al.* (2011). A forte correlação positiva observada entre o pH e o DO pode apoiar ainda mais os pressupostos acima referidos de que as flutuações dos valores de pH durante as diferentes estações foram atribuídas a factores como a remoção de CO2 e a libertação de oxigénio por actividades fotossintéticas.

Turbidez: Embora os valores de turbidez neste estudo não tenham sido estatisticamente significativos (Figura 11), seu valor médio geral (19,67± 2,37 NTU) permaneceu abaixo do limite máximo (42,5 NTU) recomendado para a aquicultura de camarão marinho relatado por Ferreira *et al.* (2011). Isso implica que o ambiente costeiro que recebe efluentes da fazenda de camarão estudada estava seguro em relação a esse parâmetro. Além disso, a turbidez da água relativamente mais alta na ST 5 (25,71±6,60 NTU) e em outras estações ao longo do riacho efluente do que ao longo do riacho de entrada (ST 1; 11,14±2,09 NTU) poderia, em parte, ser explicada como resultado do acúmulo de partículas suspensas descarregadas dos tanques de aquicultura. No ST 5, por exemplo, esta condição pode ser favorecida pela sua profundidade ligeiramente elevada e pela fraca renovação do riacho de saída, o que resulta num longo tempo de retenção dos efluentes dos tanques de aquicultura. Observações comparáveis foram também registadas por Rajasegar (2003), Pulatsu *et al.* (2004) e Bui *et al.* (2012) em ambientes de aquacultura tropical. Do ponto de vista temporal, os valores elevados de turvação durante a estação das chuvas, em comparação com a estação seca, devem-se, em parte, ao aumento do fitoplâncton em suspensão, conforme indicado pelo aumento das concentrações de clorofila *a* (Tabelas 1, 2 e 3).

Clorofila-a: Embora não tenha havido uma diferença significativa nas concentrações de clorofila-a entre as estações de amostragem (Figura 11), os valores obtidos durante o presente estudo (média global: 1,65±0,16 mg/m^3) estavam dentro dos limites de segurança (i.e. >10 μg L$^-$ 1 ≈ >10 mg/m^3) recomendados por Boyd e Green (2002). De acordo com a diretriz supracitada, a concentração de *clorofila-a* acima de 10 μg L^{-1} indica eutrofização das águas costeiras. Isto mostra que o ambiente costeiro adjacente que recebe os efluentes do sistema de aquacultura de Mafia estava a salvo de eutrofização no momento deste estudo.

Por outro lado, as concentrações médias de *clorofila-a* registadas neste estudo foram geralmente inferiores às relatadas por Setiarto e Suradi (1999) nas águas costeiras adjacentes aos tanques de camarão na Indonésia (83-332 μg L^{-1}). Ao contrário das águas costeiras da Ilha da Máfia com uma única exploração de camarão recentemente desenvolvida, diz-se que as águas costeiras acima referidas recebem grandes quantidades de resíduos da vasta área adjacente de tanques de camarão. Além disso, as correlações positivas elevadas entre a *clorofila-a* e o DO (r=0,730) e o NO3-N (r=0,621) (Tabela 4) indicam que a fotossíntese pelo fitoplâncton aumenta os níveis de oxigénio da coluna de água, o que, por sua vez, acelera a taxa de nitrificação, resultando numa elevada concentração de nutrientes inorgânicos.

4.2 Aquacultura costeira e nutrientes inorgânicos dissolvidos

Amónio-N: A concentração média global de NH_4 -N (5,54±0,84 μM) determinada durante o presente estudo foi muito inferior às concentrações permitidas (<3 mg/l ≈ <54,12 μM) para a proteção dos ecossistemas aquáticos sugeridas por Boyd e Green (2002). Da mesma forma, os valores foram ligeiramente mais baixos (3,02-18,02 μM) do que os observados nos sistemas integrados de tanques de maricultura (IMPS) por Mmochi *et al.* (2002) e Mmochi e Mwandya (2003). Esta variação pode ser atribuída à aplicação de rações comerciais formuladas e fertilizantes inorgânicos como a ureia na fazenda de camarão Mafia em comparação com as rações para peixes produzidas localmente (ricas em conteúdo orgânico) usadas no IMPS, Zanzibar. Esta suposição também pode ser substanciada pelo estudo de Sipaùba-Tavares *et al.* (2013) que relacionou a concentração elevada de nutrientes no tanque de peixes fertilizado com adubo orgânico à sua lenta decomposição. Uma possível explicação para as concentrações ligeiramente elevadas de NH4-N em tanques de aquicultura (ST 2 e ST 3) e estações de riachos efluentes (ST 4-6) poderia ser a adição ao sistema de fertilizantes nitrogenados inorgânicos, como a ureia, bem como a acumulação e decomposição microbiana de materiais orgânicos ligados ao excedente de alimentos e produtos de excreção solúvel de peixes entregues principalmente como amônia. Este facto pode ser verificado nos trabalhos de Boyd *et al.* (2002), Mmochi *et al.* (2002), Mmochi e Mwandya (2003) e Sanz-Làzaro e Marin (2011), que referem que os materiais orgânicos provenientes da alimentação dos peixes, bem como a excreção e secreção dos peixes, são as fontes dominantes de carbono orgânico e nutrientes no sistema de aquicultura. Do mesmo modo, os níveis elevados de OD medidos nos tanques de aquicultura podem ter favorecido um aumento da taxa de decomposição da matéria orgânica e, consequentemente, um aumento da libertação de nutrientes inorgânicos para a coluna de água.

A concentração de NH_4 -N registada no ST 6 (3,44±0,42 μM) estava abaixo dos limites desejáveis indicados por Boyd e Green (2002) para a proteção dos ecossistemas aquáticos. Isto significa que o amónio-nitrogénio do sistema de aquacultura de camarão Mafia foi descarregado a um nível aceitável e pode, portanto, não ser considerado um problema para os ecossistemas costeiros que recebem os seus efluentes no momento deste estudo. Os mecanismos de auto-purificação (por exemplo, nitrificação, absorção biológica e sedimentação) da água corrente e a diluição do efluente pelas marés no ST 6 podem ter explicado a tendência para a diminuição gradual das concentrações de NH4-N com o aumento da distância do ponto de descarga do efluente (ST 4). A suposição acima também pode ser apoiada pelo trabalho de Hamisi e Mamboya (2014) ao longo da costa da Ocean Road em Dar es Salaam, Tanzânia, Okuku *et al.* (2011) nas águas costeiras de Mombaça, Quénia e Krüger *et al.* (2006) em estuário tropical. Estes autores relacionaram este comportamento do NH4-N com a maior afinidade que os nutrientes têm com os sedimentos, em comparação com a afinidade da água com os sedimentos. Alternativamente, a baixa concentração de NH4-N na estação de controlo (ST 1; 2,98±0,20 μM) poderia ser atribuída à presença de matéria orgânica de plantas superiores (mangais) que são bastante resistentes à decomposição por microrganismos e à libertação de nutrientes. Além disso, esta condição pode, em parte, ser atribuída ao facto de não serem adicionados nesta estação insumos de aquacultura, tais como aditivos químicos, ração para camarões e excrementos de animais criados.

Nitrito-N: A concentração média de NO_2 -N (0,31 ± 0,04 μM ≈ 0,01 mg / l) registrada durante o presente estudo foi abaixo dos limites superiores de <0,2 mg / l para sistemas de aquicultura de camarão marinho relatados por Ferreira *et al.* (2011) e 0,3 mg / l observados por Maia *et al.* (2011). Da mesma forma, as concentrações médias de nitrito-N medidas neste estudo foram menores do que as relatadas por vários estudos em sistemas de aquicultura em outros lugares (Maia *et al.*, 2011; Bui *et al.*, 2012). Devido à baixa intensidade de produção em comparação com as investigações citadas e os níveis de gestão padrão da fazenda, o parâmetro acima mencionado na fazenda de camarão Mafia estava em um nível desejável e não teve um efeito notável para os ecossistemas costeiros receptores de efluentes. Além disso, a baixa concentração de NO2-N registada no presente estudo pode estar relacionada com o seu curto tempo de residência no ambiente em condições óptimas, tais como a temperatura da água e altas concentrações de DO. De acordo com Samocha *et al.* (2004) e Krishnan (2006), o aumento da temperatura da água e da concentração de oxigénio provoca um aumento da taxa de nitrificação, reduzindo simultaneamente a concentração de NO2-N na coluna de água. Portanto, a explicação acima está de acordo com o facto de que, devido à sua instabilidade no ambiente, a concentração de nitritos indica sempre a entrada de água fresca no sistema hídrico (Brahma *et al.*, 2011; Fernandes *et al.*, 2010; Patil *et al.*, 2011).

Alternativamente, a concentração bastante elevada de NO2-N observada nos tanques de aquacultura (Figura 16) pode ser atribuída aos fertilizantes azotados aplicados, como a ureia, bem como ao papel do processo de nitrificação para converter o amoníaco-nitrogénio em nitritos e nitratos. Além disso, a forte correlação positiva entre o NO2-N e as concentrações de DO e NH4-N pode ser sugestiva de taxas mais elevadas de produção de amónio (NH_4^+) e consequente produção de nitrito-N através do processo de nitrificação. Esta afirmação apoia trabalhos anteriores em ambientes de aquacultura por Manna *et al.* (2003) e Bui *et al.* (2012). Além disso, a alta concentração de DO dentro dos tanques de aquicultura de camarão (Figura 6) poderia ter promovido uma maior abundância de bactérias oxidantes de amónio (AOB) e bactérias oxidantes de nitrito (NOB) no sistema, conforme observado por Fernandes *et al.* (2010) e Kumari *et al.* (2011). Assim, essas bactérias poderiam ter causado o aumento da taxa de nitrificação para a formação de nitritos e nitratos. Tal como o NH4-N, a auto-purificação da água corrente poderia provavelmente explicar uma diminuição gradual das concentrações de NO2-N a jusante do riacho efluente.

Nitrato-N: A concentração média global de NO_3-N (1,34±0,23 μM ≈ 0,02 mg/l) registada durante o presente estudo foi inferior ao intervalo (0,4-0,8 mg/l) relatado por Maia *et al.* (2011) para a proteção da vida aquática. Da mesma forma, as concentrações de NO3-N neste estudo foram menores do que as encontradas em vários estudos das instalações de aquicultura marinha tropical (por exemplo, Guerrero-Galvan *et al.*, 1999; Ferreira *et al.*, 2011; Bui *et al.*, 2012). Isso mostra que as atividades de cultivo de camarão no sistema estudado não tiveram um efeito considerável nas concentrações de nitrato-nitrogênio para o ecossistema costeiro recetor de efluentes no momento do presente estudo.

As concentrações elevadas de nitrato-N registadas nas ST 4 e ST 5 (Figura 16) podem ser um resultado direto da entrada de água de efluentes rica em nutrientes dos tanques de aquacultura, juntamente com a absorção comparativamente limitada de nutrientes pelo fitoplâncton, conforme indicado pelas concentrações relativamente baixas de *clorofila-a* em comparação com outras estações, incluindo as dos tanques de aquacultura (Figura 11). Esta conjetura pode ser validada pelo facto de a regulação dos nutrientes no ambiente aquático ser geralmente mediada pelo fitoplâncton (Gadhia *et al.*, 2012). Outros factores podem incluir o resultado de uma gestão inadequada do riacho de efluentes com uma acumulação resultante de materiais orgânicos nos sedimentos dos ciclos de produção anteriores. É bem conhecido que os solos de fundo nas instalações de aquacultura recebem grandes quantidades de nutrientes e matéria orgânica de materiais de alimentação, fertilizantes e metabólitos que, por sua vez, geram uma quantidade significativa de nutrientes para o meio ambiente (Nyanti *et al.*, 2011). Portanto, a secagem, lavoura e remoção de sedimentos (ver placas 8-10) estão entre as práticas regulares e importantes de gerenciamento de fazendas de aquicultura para remover todos os materiais orgânicos acumulados nos pisos dos tanques. No entanto, no sistema de aquicultura de camarão Mafia, o riacho de efluentes não é submetido a esses procedimentos regularmente; portanto, pode haver um acúmulo no sedimento de materiais orgânicos de ração não consumida e resíduos excretores de peixes associados às práticas de cultivo de camarão.

Total-N: A alta concentração de TN no ST 4 (15.16±1.41 μM) pode ter resultado da acumulação de resíduos enriquecidos com matéria orgânica dos tanques de aquacultura, favorecida pela remoção menos frequente de lama, como observado de forma semelhante para a concentração de NO3-N. Outros factores podem provavelmente incluir a baixa assimilação biológica de nutrientes como indicado pelas baixas concentrações de *clorofila-a* ao longo do riacho efluente comparado com os tanques de aquacultura de camarão (Figura 11). Esta postulação pode ser apoiada por trabalhos anteriores que indicam que a regulação de nutrientes em ambientes aquáticos é geralmente mediada por actividades fotossintéticas (Matias *et al.*, 2002). Do mesmo modo, a suposta baixa taxa de oxidação do azoto orgânico e do azoto amoniacal na ausência de um teor suficiente de oxigénio pode provavelmente ser responsável pela elevada concentração de nitrato de azoto no ST 4 em comparação com os ST 2 e ST 3. Por outro lado, para além da escassez de materiais químicos e orgânicos provenientes das actividades agrícolas, a baixa concentração de TN no ST 1 (Figura 11) também pode ser atribuída ao facto de a matéria orgânica das plantas superiores ser bastante resistente à decomposição na libertação de nutrientes, bem como ao seu baixo teor de azoto (Stromberg *et al.*, 1998; Siddique *et al.*, 2012; Burone *et al.*, 2003).

Fosfato-P: A concentração média geral de PO4-P obtida durante o presente estudo (0,92 ± 0,14 μM ≈ 0,01 mg / l) foi inferior aos níveis estabelecidos como diretrizes para a proteção da vida aquática em estuários (<0,045 mg / l) e águas costeiras (<0,015 mg / l) (Biao *et al.*, 2004), bem como as concentrações máximas aceitáveis para água de aquicultura de camarão (0,2 mg / l PO4-P) (Ferreira *et al.*, 2011). Além disso, as concentrações de PO4-P observadas neste estudo foram menores do que as relatadas por Guerrero-Galvan *et al.* (1999), Mmochi *et al.* (2002) e Bui *et al.* (2012) a partir de estudos relacionados em sistemas de aquicultura marinha em ambientes subtropicais e tropicais. Práticas adequadas de gestão agrícola, como a remoção dos materiais orgânicos acumulados no final de cada ciclo de produção, poderiam provavelmente explicar as baixas concentrações de PO4-P observadas no sistema de aquicultura de camarão Mafia (ver placas 8-10) em comparação com outros sistemas referidos. O sedimento é um importante sumidouro de fósforo na maioria dos ambientes aquáticos, incluindo lagoas de aquicultura, que por sua vez liberta uma quantidade significativa destes nutrientes para o ambiente (Nyanti *et al.*, 2011; Sipaùba-Tavares *et al.*, 2013).

Por outro lado, as concentrações relativamente elevadas de PO4-P observadas em ST 2 e ST 3 (tanques de aquacultura) bem como em ST 4 (Figura 19) podem provavelmente ser atribuídas à aplicação de fertilizantes contendo fósforo tais como superfosfatos triplos (TSP) bem como excrementos de camarão. A adição de materiais de calagem no sistema de aquacultura para aumentar o pH dos sedimentos de fundo pode ser outra fonte de contribuição para as concentrações elevadas de PO4-P obtidas nos tanques de aquacultura no sistema estudado. A calagem é efectuada para aumentar o pH e a alcalinidade da água e dos sedimentos ácidos do fundo do tanque; também torna o fósforo acumulado nos sedimentos mais disponível na coluna de água (Boyd e Pillai, 1984; Boyd *et al.*, 2002). A afirmação acima pode ainda ser substanciada por uma forte correlação positiva obtida entre PO4-P e pH da coluna de água (Tabela 4). Além disso, uma concentração elevada de PO4-P na ST 4 poderia possivelmente contribuir para a entrada de efluentes ricos em nutrientes dos tanques de aquacultura, uma vez que esta estação estava localizada no ponto de confluência de todos os canais de saída dos tanques de camarão e recebe continuamente efluentes dos tanques de aquacultura.

A diminuição das concentrações de PO4-P nas estações de amostragem localizadas longe da saída da exploração (por exemplo, ST 6; Figura 19) pode ser atribuída à tendência geral da água corrente para sofrer a chamada "auto-purificação" derivada da absorção biológica e da sedimentação. A rápida utilização de fosfato pelo fitoplâncton e as perdas/adsorção física de nutrientes nos sedimentos de fundo e nos sólidos em suspensão que se precipitam podem provavelmente estar relacionadas com o declínio observado de nutrientes a jusante do canal de efluentes. Os trabalhos anteriores nas águas costeiras tropicais também parecem apoiar esta postulação (Mmochi *et al.*, 2002; Okuku *et al.*, 2011; Bui *et al.*, 2012; Hamisi e Mamboya, 2014). Da mesma forma, a incursão das marés poderia ser considerada para a baixa concentração de PO4-P registada no ST 6 durante o período de estudo. Esta suposição pode ainda ser verificada pelo facto de que, durante a maré alta, o efluente do sistema de aquicultura foi misturado com a água do mar com baixo teor de nutrientes, condição que poderia ter diluído o efluente neste ponto de transição entre a fazenda de camarão e o oceano. Essas suposições também podem ser apoiadas por trabalhos anteriores que descobriram que o impacto dos efluentes da fazenda de camarão geralmente se concentra dentro de 1-1,5 km do ponto de descarga (Wu *et al.*, 1994; Ling *et al.*, 2012a & b). A estação de amostragem, ST 6, estava a cerca de 2 km do ponto de saída dos tanques, ST 4. Da mesma forma, essa tendência é uma indicação de que a excreção e secreção de camarão, ração para peixes e fertilizantes aplicados nos tanques de aquicultura foram as principais fontes de nutrientes registradas na área de estudo. Pode assim concluir-se que a baixa concentração de fosfato-P na ST 6 em comparação com outras estações de amostragem (Figura 19) é uma indicação de que a qualidade da água na área estudada não estava em risco devido a este parâmetro no momento do presente estudo.

Total-P: De acordo com Boyd e Green (2002), as concentrações de TP na gama de 0,001-0,100 mg/l em águas costeiras podem causar florescimentos de fitoplâncton. Assim, a média das concentrações de TP obtidas neste estudo (2,46±0,28 µM ≈ 0,03 mg/l) estava dentro dos limites permitidos, o que sugere que as actividades da exploração de camarão não tiveram um impacto notável no aumento dos níveis de fósforo nos ecossistemas próximos. Concentrações relativamente mais elevadas de TP no interior dos viveiros de camarão (Figura 19) sugerem um impacto significativo que as práticas de gestão da exploração têm na qualidade da água dos sistemas de aquacultura estudados. A aplicação de materiais de calagem, rações suplementares, fertilizantes com fósforo e excrementos de camarão foram provavelmente os factores mais importantes considerados para o aumento da concentração de TP nos sistemas de aquacultura das instalações de aquacultura de camarão estudadas. De acordo com Nyanti *et al.* (2011), o pH acima do neutro promove a libertação de fósforo dos sedimentos. Assim como no caso das concentrações de fosfato-P, também foi observada uma moda espacial relacionada com as concentrações de TP ao longo do riacho efluente.

4.4 Aquacultura Costeira e Caraterísticas dos Sedimentos de Fundo Parâmetros Total-N na água dos poros: No presente estudo, a remoção inadequada de resíduos ao longo do riacho de efluentes com a consequente acumulação de materiais orgânicos poderia provavelmente descrever a elevada concentração de TN observada no ST 5 em comparação com os tanques de aquacultura de camarão regularmente renovados (ST 2 e ST 3) (Figura 20). Sabe-se que a gestão inadequada das instalações de aquacultura favoreceu a acumulação e a longa permanência de efluentes enriquecidos com materiais orgânicos, que por sua vez geram mais nutrientes para o ambiente (Rajasegar *et al.*, 2002; Cancemi *et al.*, 2003; Sipaùba-Tavares *et al.*, 2013). Assim, a secagem, lavoura, raspagem e remoção do sedimento superior após as colheitas, como regularmente feito nos tanques de camarão (ver placas 8-10), teria os benefícios de acelerar a aeração e a decomposição, bem como remover a matéria orgânica, que são as principais fontes de nutrientes nos sistemas de aquicultura. Assim, os sedimentos aerados/aeróbios têm normalmente uma menor quantidade de azoto do que os anaeróbios. Os valores mais elevados de azoto em condições anaeróbias resultam de uma baixa perda de nutrientes devido a taxas reduzidas de nitrificação e subsequente desnitrificação (Zia *et al.*, 2001). As concentrações mais baixas de TN na água dos poros na ST 6 em comparação com outras estações do presente estudo (Figura 20) é uma indicação de que as caraterísticas de gestão da fazenda de camarão não foram além da capacidade de carga da área e, portanto, o efluente da fazenda foi descarregado no ecossistema recetor quando estava no nível desejável. Da mesma forma, a alta concentração de TN na ST 1 (estação de controle) em comparação com a ST 6, substancia a afirmação anterior de que o valor mais alto de nitrogênio na água do poro é uma caraterística da área com menor quantidade de oxigênio. No presente estudo, a estação ST 1 registou baixas concentrações de OD entre todas as estações (Figura 6).

Total-P na água dos poros: Tal como os níveis de TN, a remoção inadequada de resíduos ao longo da ribeira efluente, com a consequente acumulação de materiais orgânicos, também pode descrever as concentrações de TP mais elevadas observadas nas estações de amostragem localizadas ao longo da ribeira efluente do que nas estações noutras partes da área de estudo (Figura 20). Este padrão de concentrações de TP na água dos poros pode ser validado pelo facto de as caraterísticas químicas da água intersticial superficial e dos sedimentos serem grandemente influenciadas pelo teor de matéria orgânica dos sedimentos (Matias *et al.*, 2002; Bui *et al.*, 2012; Ling *et al.*, 2012b). Além disso, deve-se notar que cerca de 39-67% da entrada de TP na aquicultura de camarão é retida no sedimento como um grande sumidouro de fósforo (Thakur e Lin, 2003). Portanto, isso implica que os sedimentos no riacho de efluentes sem supervisão da fazenda estudada abrigam grandes proporções de matéria orgânica que, por sua vez, descarregam mais nutrientes para o meio ambiente. Considerando uma diminuição na concentração intersticial de TP no ST 6, sugere-se a capacidade das águas receptoras para dispersar, mineralizar ou assimilar resíduos orgânicos como factores importantes no enriquecimento do fundo do mar (Wu *et al.*, 1994; Paulo *et al.*, 2011; Ling *et al.*, 2012b). Da mesma forma, reflectiu a dominância de fracções grosseiras, que não favorecem a acumulação de materiais orgânicos nos sedimentos desta estação (Gunalan *et al.*, 2012).

Matéria orgânica do sedimento: Com base nas sugestões de Ekubo e Abowei (2011), 0,7-1,7% é o intervalo aceitável de enriquecimento de OM necessário para evitar consequências químicas e biológicas indesejáveis no ecossistema aquático. Além disso, a gama óptima de carbono orgânico (OC) em sedimentos de lagoas para a aquicultura costeira é de 1,0-3,0% (~1,724-5,172% OM usando o fator de 1,724 (Wudtisin e Boyd, 2006)), tal como recomendado por Boyd (1995) e Boyd *et al.* (2002). Da mesma forma, Sipauba-Tavares *et al.* (2013) observaram que a concentração de MO em sedimentos de lagoas deve variar entre 1% e 3%. Por conseguinte, quando comparada com todas estas normas, a gama de conteúdo de MO (0,80-1,68%) observada durante o presente estudo (Tabela 5) estava dentro dos limites de enriquecimento aceitáveis. O teor relativamente elevado de MO no sedimento registado na ST 1, em comparação com as outras estações, deve-se provavelmente à decomposição da folhagem e dos ramos mortos das árvores de mangue circundantes e de outros restos de vegetação. A ST 1 também foi caracterizada por uma elevada percentagem de partículas de grão fino (silte/argila), que têm mais área de superfície, uma condição que pode favorecer a acumulação de matéria orgânica nos sedimentos desta estação. Burone *et al.* (2003) também descreveram que os solos mal drenados em zonas húmidas, como os ecossistemas de mangais, favorecem a acumulação de materiais orgânicos que podem levar à formação de solos orgânicos. Para além disso, o elevado teor de matéria orgânica do sedimento no ST 1 pode também ser explicado pela presença de biodepósitos de conchas duras não decompostas de caracóis marinhos que se encontram acumuladas em grande número ao longo do riacho de entrada (observação pessoal). O estudo de Rajasegar *et al.* (2002), efectuado numa instalação de criação de camarões marinhos tropicais, correlacionou o elevado teor de matéria orgânica no estuário com as matérias vegetais e animais trazidas pelo escoamento do solo e pela morte de organismos antigos que aí viviam. Além disso, a continuação da escavação na parte inferior do riacho de efluentes parece estar associada a um teor relativamente elevado de matéria orgânica na estação ST 6 (0,97±0,14%) em comparação com outras estações (ST 4; 0,85±0,10% e ST 5; 0,80±0,13%) nas secções superiores do riacho. As actividades de dragagem contínuas na ST 6 foram possivelmente responsáveis pela libertação de carbono orgânico total retido dos sedimentos.

Por outro lado, os teores relativamente baixos de matéria orgânica nos sedimentos dos viveiros de aquacultura de camarão em comparação com o riacho de entrada (estação de controlo, ST 1) (Tabela 5) podem ter sido atribuídos à fácil decomposição dos materiais orgânicos aplicados nos viveiros de aquacultura devido às suas baixas concentrações de fibra e, provavelmente, à baixa relação C:N. As principais fontes de carga orgânica em fazendas de camarão são resíduos de ração, fezes de animais e fitoplâncton morto, que tendem a ter resíduos orgânicos menos fibrosos e facilmente decompostos por bactérias quando as condições ambientais são favoráveis (Boyd, 1995; Jayanthi *et al.*, 2007). Além disso, a concentração elevada de DO dentro dos viveiros de aquacultura de camarão poderia ter promovido uma maior mineralização da matéria orgânica na coluna de água e, consequentemente, baixos valores de OM dos sedimentos. Outros factores podem incluir a gestão adequada dos tanques de aquacultura através da secagem do sedimento superior, lavoura, raspagem e remoção após as colheitas (ver placas 8-10) que têm o benefício de remover todos os materiais orgânicos acumulados no chão do tanque.

Textura dos sedimentos: Os resultados da distribuição granulométrica dos sedimentos da área de estudo indicam que a fração de areia foi a mais dominante (Tabela 5). Esta caraterística pode, em parte, ser atribuída à relativa infância das instalações de aquacultura objeto deste estudo. A fazenda de camarão Mafia tinha cerca de 6 anos de idade quando as últimas amostras para o presente estudo foram tomadas em março de 2010. De acordo com Siddique *et al.* (2012), a idade da fazenda é um dos fatores importantes que influenciam as variações na composição textural do sedimento. Além disso, a percentagem relativamente elevada de areia registada no ST 6 pode estar parcialmente associada à ação das marés, que remove as partículas mais finas, permitindo a deposição de partículas grosseiras. Do mesmo modo, a continuação dos trabalhos de escavação (observação pessoal) destinados à extensão do riacho de efluentes pode também ser responsável pela percentagem mais elevada de partículas de areia no ST 6, como demonstrado anteriormente por Davies e Abowei (2009), Ezekiel *et al.* (2011a), Sharma *et al.* (2013).

Por outro lado, a percentagem relativamente elevada de silte/argila no ST 1 pode ser atribuída ao movimento restrito da maré e às acções das ondas devido à presença de árvores de mangue. Esta condição proporciona um habitat adequado para a sedimentação de sedimentos e detritos da coluna de água para o fundo e, como tal, a acumulação de partículas finas, incluindo a fração de silte. As condições observadas podem também estar associadas à deposição e decomposição de matéria orgânica, uma vez que esta estação se situa na área com árvores de mangue e registou um teor de matéria orgânica mais elevado do que outras estações deste estudo (Tabela 5).

4.5 Aquacultura Costeira e Estrutura Comunitária de Macroinvertebrados Bentónicos Composição e distribuição: Relativamente à maioria dos estudos anteriores (por exemplo, Shishehchian e Yusof, 1999; Fujioka *et al.*, 2007; Murugesan *et al.*, 2009), o presente estudo apresenta uma das composições e abundâncias faunísticas mais baixas (Quadro 6). O número relativamente menor de indivíduos e o predomínio de taxa tolerantes ao stress observados neste estudo podem ser atribuídos à influência de sedimentos instáveis devido à contaminação orgânica/química e a perturbações mecânicas resultantes de práticas de gestão agrícola. A dragagem e o pisoteio frequentes e intensos dos sedimentos durante a construção de tanques e canais, bem como a remoção rotineira de sedimentos (ver placas 8-10), foram algumas das perturbações mecânicas dos sedimentos capazes de induzir stress nos macro-invertebrados bentónicos no sistema de aquicultura estudado (Ólafsson *et al.*, 1995; Tomassetti e Porrello, 2005; Lyimo *et al.*, 2008; Sanz-Làzaro e Marin, 2011; Jahani *et al.*, 2012). Do mesmo modo, a deslocação de grandes quantidades de sedimentos pode, ao mesmo tempo, remover alguns animais bentónicos que estão associados aos sedimentos durante o seu ciclo de vida (Sychra e Adàmek, 2011). Para além disso, pensa-se que alguns alimentos para peixes não utilizados e excrementos de animais de criação são as principais fontes de materiais orgânicos no sistema de aquacultura da Ilha da Máfia.

O stress imposto por condições ambientais adversas resulta normalmente em alterações notáveis na estrutura da comunidade, incluindo baixa diversidade, declínio de organismos comuns e de vida longa e a presença de espécies indicadoras específicas, principalmente poliquetas (Pearson e Rosenberg, 1978). No presente estudo, os membros das famílias de poliquetas proliferaram em grande número (cerca de 82,55%), enquanto a maioria dos taxa intolerantes ao stress, como os crustáceos, foram raros (cerca de 17,45%). Os factores correspondentes são também considerados para as colecções negligenciáveis de macro-invertebrados bentónicos nas estações dentro dos tanques de aquacultura (ST 2 e ST 3) em comparação com o número relativamente grande registado nas estações ao longo da entrada (ST 1) e do riacho de efluentes (ST 4 - ST 6) (Quadro 6) que sofrem perturbações mecânicas mínimas e irregulares causadas pela remoção de sedimentos.

Durante o presente estudo, foram utilizadas referências de identificação relevantes para as costas marítimas da África Oriental e das ilhas ocidentais do Oceano Índico por Day (1967) e Richmond (2002) para a identificação de macro-invertebrados bentónicos. No entanto, a ausência de um taxonomista qualificado pode ser considerada como a causa da diminuição da exatidão do exercício de identificação (quando encontrada), com a possibilidade de juntar alguns animais em grupos errados e acabar com um número relativamente baixo de taxa. O número relativamente menor de indivíduos e de taxa recolhidos neste estudo pode também estar relacionado com o menor número de estações de amostragem, devido à pequena área abrangida por esta investigação. Foram levantadas questões semelhantes em estudos relacionados realizados noutros locais por Ezekiel *et al.* (2011b) e Villnas *et al.* (2011).

Relativamente à distribuição temporal, a diferença entre as duas estações não foi estatisticamente significativa (Tabela 7; Figura 21). Presume-se que vários factores sejam as principais razões para os valores descritivamente mais elevados de macro-invertebrados bentónicos durante os meses de chuva. Isto pode refletir a adequação do ambiente, uma vez que a precipitação pode ter moderado as condições ambientais adversas (por exemplo, dessecação) e fornecer sedimentos húmidos e soltos (lama) utilizados como habitat por muitos grupos de macroinvertebrados bentónicos (Maurer e Vargas, 1984). Do mesmo modo, uma perturbação mecânica moderada dos sedimentos devido a uma diminuição geral da intensidade da cultura pode ter favorecido a abundância relativamente mais elevada de macroinvertebrados bentónicos durante a estação das chuvas no sistema de aquicultura estudado. Observações pessoais mostraram que era extremamente difícil trabalhar e caminhar ou conduzir à volta da exploração durante os meses de chuva, uma condição que parece impedir as operações normais da exploração. Além disso, a elevada abundância de macro-invertebrados bentónicos durante a estação chuvosa tem sido relacionada com o aumento da disponibilidade de alimentos (plânctons) para os animais bentónicos desencadeada pelos nutrientes inorgânicos elevados (Tabela 3) (Pandey e Malik, 2008; Ndome *et al.*, 2012).

Abundância: A abundância/densidade comparativamente mais elevada de macro-invertebrados, em particular anelídeos representados por vermes poliquetas ao longo do riacho de efluentes (Tabela 6; Figura 22) pode ser explicada pelo efeito resultante do aumento do quantum de água rica em nutrientes dos tanques de aquacultura que é deixada na baía de Kirongwe. Outros factores podem incluir a proporção relativamente alta de fracções silto-argilosas e o conteúdo de matéria orgânica nos sedimentos que fornecem uma maior oferta de alimentos, tais como partículas de alimentos não consumidas e fezes de peixe/camarão e excrementos dos tanques de camarão. Além disso, Putro (2007) e George *et al.* (2010) relataram que as caraterísticas do sedimento, como o tamanho do grão; argila e areia grossa, são as variáveis mais significativas que explicam as mudanças espaciais nas assembleias bentónicas devido à alta variabilidade na disponibilidade de alimentos e fornecimento de oxigénio. Do mesmo modo, a predominância de poliquetas nas estações localizadas ao longo da ribeira de efluentes pode também estar relacionada com a sua elevada taxa de reprodução devido ao declínio da competição com taxa intolerantes à poluição. A densidade relativamente mais baixa nos tanques de aquacultura (ST 2 e ST 3; 15,31 m2) pode ser explicada pela perturbação mecânica contínua dos sedimentos devido a práticas de gestão agrícola, tais como a remoção de sedimentos após cada colheita, bem como a dragagem e o pisoteio por escavadoras e camiões (ver placas 8-10). Assim, a maioria dos organismos bentónicos é provavelmente recolhida juntamente com os sedimentos dragados/retirados.

Os taxa dominantes: O presente estudo mostrou a dominância numérica de macroinvertebrados bentónicos na ordem dos poliquetas, crustáceos e gastrópodes (Tabelas 6 e 7). Este padrão de prevalência parece sugerir o estado de poluição das diferentes partes da exploração em relação às actividades de criação de camarão. Como descrito nas secções anteriores desta tese, o predomínio de poliquetas ao longo do riacho de efluentes pode ser atribuído à sua elevada adaptabilidade a uma vasta gama de flutuações nos factores ambientais, bem como ao elevado teor de matéria orgânica dos sedimentos que proporcionam um maior fornecimento de alimentos. A dominância de alguns taxa oportunistas e tolerantes à poluição, como os poliquetas, com uma elevada abundância numérica e composição, reflecte normalmente condições ambientais perturbadas e os taxa dominantes podem ser utilizados como um bom indicador de impactos brutos (Pearson e Rosenberg, 1978; Tomassetti e Porrello, 2005; Balogun *et al.*, 2011).

Alternativamente, a abundância comparativamente baixa de poliquetas e a elevada ocorrência de crustáceos e gastrópodes na ST 1 (estação de controlo) podem também refletir a sua densidade populacional natural no ambiente menos perturbado. Os crustáceos e gastrópodes estão entre os grupos de animais marinhos mais sensíveis a poluentes como a carga de materiais orgânicos (Lee *et al.* 2006). A ocorrência de crustáceos e gastrópodes em número relativamente elevado na ST 1 (estação de controlo) pode, portanto, sugerir que a área não cultivada foi relativamente menos afetada pela produção de camarão costeiro em comparação com as estações ao longo do riacho de efluentes. Por conseguinte, os resultados do presente estudo indicam que a estrutura da comunidade de macro-invertebrados bentónicos ao longo do riacho de entrada (estação de controlo) permaneceu relativamente estável, uma vez que as comunidades faunísticas ambientais não afectadas pelo stress ambiental foram predominantes.

Índices de diversidade ecológica: Observaram-se baixos índices globais de diversidade ecológica de macro-invertebrados bentónicos na área de estudo (Quadro 8), o que poderá dever-se à menor abundância registada e à prevalência de alguns taxa tolerantes ao stress, como se mostra no Quadro 6 e se descreve nos parágrafos supracitados da secção 4.5 desta tese. Além disso, não se registaram variações espaciais e temporais significativas na riqueza de espécies de Margalef (d), no índice de diversidade de Shannon-Weaver (H) e no índice de equitabilidade de Pielou

(J). Por outro lado, os valores médios do índice de diversidade de Simpson (1-D) demonstraram uma variação espacial significativa (Tabela 8) e variações temporais não significativas (Tabela 9).

Os valores relativamente elevados do índice de diversidade de Simpson (1-D) no ST 4 (0,36) reflectem a influência dos materiais orgânicos descarregados dos tanques de aquacultura de camarão na estrutura do macro-bentos, enquanto os baixos índices no ST 6 (0,11) estariam principalmente associados a condições instáveis dos sedimentos que, na maioria dos casos, foram causadas por actividades de dragagem e pela influência das marés. Assim, as variações espaciais observadas no índice de diversidade de Simpson reflectem prováveis disparidades na estrutura dos macroinvertebrados bentónicos, principalmente os poliquetas, em resposta às diferenças no enriquecimento de materiais orgânicos em várias partes da área de estudo. Esta observação é comparável aos estudos efectuados por Vallarino *et al.* (2002), Neofitou *et al.* (2010) e Balogun *et al.* (2011) no ecossistema em causa.

Similaridade da composição de taxa: Com base no quociente de semelhança de S0renson (QS), foi encontrado o valor máximo (QS=80%) entre as estações de amostragem localizadas ao longo da ribeira de efluentes, ST 4 e ST 5 (Quadro 10). Este facto pode ser explicado com base na prevalência da fauna bentónica, principalmente poliquetas, em resposta ao enriquecimento de materiais orgânicos e à ocorrência de substrato silto-argiloso ao longo da ribeira de efluentes. O riacho de efluentes recebe água com uma proporção relativamente elevada ou moderada de materiais orgânicos e nutrientes diretamente dos tanques de aquacultura de camarão, condições que, por sua vez, poderiam ter favorecido o domínio de oportunistas como os poliquetas. Por outro lado, a similaridade mínima (QS=18,18%) determinada entre as estações da lagoa de aquacultura de camarões (ST 3) e do riacho de efluentes (ST 5) pode estar associada às diferenças nas caraterísticas dos sedimentos entre as duas áreas e seu efeito na composição dos táxons. No presente estudo, o cascalho foi a textura do solo dominante nos viveiros de camarões, enquanto as fracções silto-argilosas foram proporcionalmente mais elevadas na ribeira de efluentes (observações pessoais; Quadro 5). De acordo com Sunil (1993), Sarkar *et al.* (2005) e Sanz-Làzaro e Marin (2011), as caraterísticas do sedimento, o tamanho do grão e a percentagem de matéria orgânica desempenham um papel significativo na influência da estrutura, diversidade e distribuição da fauna bentónica.

CAPÍTULO 5 CONCLUSÃO E RECOMENDAÇÕES

5.1 Conclusão

As caraterísticas físico-químicas da água e a estrutura da comunidade de macro-invertebrados bentónicos podem ser utilizadas para avaliar a saúde do ambiente aquático. Assim, neste estudo, o impacto ambiental da aquicultura marinha foi estabelecido através da estimativa da quantidade de alguns compostos descarregados no ecossistema costeiro recetor como consequência direta das actividades de cultura de camarão. Além disso, a estrutura das comunidades de macro-invertebrados bentónicos foi utilizada como indicador do impacto destes efluentes nos ecossistemas receptores. Tendo em conta os resultados globais do presente estudo, fica claramente demonstrado que os efluentes da exploração de camarão Mafia não causaram alterações significativas e irreversíveis na qualidade da água dos ecossistemas costeiros receptores de efluentes. Os valores das variáveis de qualidade da água medidos estavam geralmente dentro dos níveis aceitáveis, o que indica que as actividades de criação de camarão não ultrapassaram a capacidade de carga dos ecossistemas costeiros estudados. No entanto, o estudo observou alguns efeitos localizados nos níveis das variáveis de qualidade da água monitorizadas em diferentes partes do sistema de aquacultura estudado, enquanto as estações de amostragem ao longo do riacho de saída (ST 4-6) mostraram uma tendência crescente do que no riacho de entrada (ST 1, estação de controlo). Do mesmo modo, a maior parte das variáveis de qualidade da água nos tanques de aquacultura (ST 2 e ST 3) foram mais influenciadas pelas práticas de gestão dos tanques e as concentrações elevadas de nutrientes inorgânicos foram associadas às entradas e excrementos de aquacultura aplicados. Além disso, os compostos azotados e fosfóricos medidos mostraram uma tendência decrescente gradual a jusante da ribeira de efluentes, o que implica a capacidade da água corrente nos mecanismos de auto-purificação dos poluentes. Relativamente às variações temporais, os níveis elevados da maioria das variáveis ambientais foram geralmente medidos durante os meses de chuva, implicando assim as condições meteorológicas como a fonte provável da sazonalidade observada. Por outro lado, um aumento nas concentrações da maioria dos nutrientes inorgânicos encontrados na coluna d'água durante a estação seca foi associado principalmente à influência das práticas de manejo das fazendas de camarão, uma vez que a intensidade do cultivo foi geralmente alta nos meses secos.

A dominância de táxons oportunistas e tolerantes à poluição, como poliquetas (bioindicadores) ao longo do riacho de efluentes do que no riacho de entrada (estação de controle) é uma indicação ou sinais de que o sistema de aquicultura estudado tem o potencial de causar algum estresse ambiental mais provavelmente decorrente dos protocolos de produção necessários da fazenda. Da mesma forma, vale a pena enfatizar que durante a estação chuvosa, em que a extensão das atividades de cultivo de camarão foi baixa do que na estação seca, a abundância relativamente maior de macro-invertebrados bentônicos foi observada. Assim, este estudo mostra que as práticas de gestão da exploração de camarão poderiam ter modificado ligeiramente as caraterísticas físico-químicas no riacho de efluentes levando à exclusão de taxa aparentemente intolerantes à poluição, tais como gastrópodes e proliferação de alguns taxa tolerantes à poluição, incluindo poliquetas. Além disso, isto implica que, com o aumento da produção e da idade da exploração, são esperadas deteriorações significativas dos ecossistemas costeiros circundantes, como minimamente verificado pelas alterações na estrutura da comunidade de macro-invertebrados bentónicos. No futuro, por conseguinte, recomenda-se a realização de estudos mais pormenorizados com um maior número de estações de estudo para documentar integralmente as alterações na qualidade da água e na estrutura da comunidade, bem como a extensão e a duração dessas alterações, de modo a compreender melhor os processos de poluição que podem exigir uma melhor regulamentação e o desenvolvimento de políticas.

5.2 Recomendações

Sabe-se que a descarga de efluentes da aquicultura modifica as caraterísticas físico-químicas da água dos meios aquáticos receptores. Assim, para que a aquicultura costeira cumpra as promessas de fornecer as proteínas necessárias à população mundial em crescimento e de aliviar a pobreza sem causar efeitos ambientais negativos graves e/ou impedir uma maior degradação do ambiente local, foram propostas várias estratégias com referência ao presente estudo, como se segue:

1. O presente estudo sobre o impacto da cultura de camarão na variação espacial e temporal dos sedimentos e das caraterísticas da água abrangeu um período de quinze meses durante os primeiros anos de atividade da exploração de camarão Mafia. A determinação da magnitude do impacto da cultura de camarão no ambiente exigiria uma monitorização contínua e a longo prazo das caraterísticas de gestão e do ambiente em torno da exploração. Por conseguinte, devem ser aplicadas regularmente medidas de regulamentação, controlo e monitorização para alcançar o desenvolvimento sustentável do sector da aquicultura/camaricultura na Tanzânia e em toda a região.

2. Os dados de base sobre o estudo físico, químico e do bentos são importantes para fornecer um quadro de monitorização das caraterísticas ambientais em torno da exploração de camarão de Mafia. Espera-se que esses dados forneçam informações fundamentais sobre as quais possam ser efectuados outros estudos para avaliar os impactos ambientais do desenvolvimento da aquicultura marinha comercial na Tanzânia e em toda a costa da África Oriental. Assim, sugere-se a realização de estudos regulares a fim de se dispor de conhecimentos suficientes sobre a forma como a produção de camarão marinho está a afetar os ecossistemas costeiros, bem como a identificação de melhores soluções para enfrentar os problemas ambientais adversos induzidos pelo cultivo de camarão.

3. Durante todo o período do presente estudo, a exploração não dispunha de infra-estruturas para o tratamento de resíduos, pelo que a água bruta dos efluentes dos tanques de aquicultura era diretamente descarregada no mar. Assim, as contramedidas para o tratamento das águas residuais antes da sua descarga no mar, a fim de manter a integridade dos ecossistemas costeiros receptores de efluentes e para um desenvolvimento sustentável da aquicultura, devem ser utilizadas para fazer face aos riscos actuais, com vista a assegurar a estabilidade social, económica e ecológica. As abordagens geralmente sugeridas incluem: melhoria dos alimentos para animais e da alimentação (estratégias de alimentação), sistema integrado mangais-aquicultura, cultivo integrado de peixe-camarão (policultura) e utilização de tanques de sedimentação.

Os resíduos de ração são os factores mais importantes na produção de nutrientes e de cargas de partículas que enriquecem a água e os sedimentos subjacentes nos sistemas de aquicultura. Assim, os impactes ambientais das rações podem ser reduzidos através de uma melhor gestão das explorações, como a estratégia de redução das rações, que implica a utilização eficiente das rações para uma produção mínima de resíduos de ração e, consequentemente, de lamas ricas em nutrientes e materiais orgânicos. Nalguns casos, as florestas de mangais naturais ou reabilitadas podem ser consideradas como biofiltros para os efluentes da aquicultura. Tais abordagens estão entre os procedimentos recomendados para o tratamento de efluentes de viveiros de camarão no Vietname (Johnson *et al.*, 2002; Anh *et al.*, 2010).

A policultura é um sistema de produção integrado em que duas ou mais espécies aquáticas são cultivadas no mesmo local. Na maioria dos casos, envolve a cultura mista de camarões, alimentadores de filtros, como ostras, e cultivo de macroalgas (por exemplo, *Ulva*) no efluente de viveiros de camarão ou no mesmo viveiro (Mwandya *et al.*, 2001; Mmochi *et al.*, 2002). O cultivo misto de camarão melhora a qualidade da água, reduz o impacto ambiental negativo nos ecossistemas costeiros e aumenta a sua sustentabilidade económica através da melhoria da produção de camarão. Outras vantagens do cultivo misto incluem a eficiência na assimilação de alimentos, a melhoria na utilização dos materiais orgânicos e a melhoria dos parâmetros de qualidade da água, sendo que a maioria dos nutrientes estava dentro das faixas normais para os ecossistemas costeiros. A fazenda também deve procurar a opção de construir uma lagoa de sedimentação para processar os efluentes antes de sua descarga no mar.

REFERÊNCIAS

AAHRI (1995) Health Management in Shrimp Ponds, 2nd edition. *Aquatic Animal Health Research Institute, Campus da Universidade de Kasetsart, Banguecoque, Tailândia.* pp: 111.

Abowei, J. F. N. (2010) Salinidade, oxigénio dissolvido, pH e condições de temperatura da água superficial no rio Nkoro, Delta do Níger, Nigéria. *Jornal Avançado de Ciência e Tecnologia Alimentar,* **2**(1): 16-21.

Abowei, J. F. N. e George, A. D. I. (2009) Algumas caraterísticas físicas e químicas do riacho Okpoka, Delta do Níger, Nigéria. *Revista de Investigação em Ciências do Ambiente e da Terra*, **1**(2): 45-53.

Alam, A. and Al-Hafedh, Y. S. (2006) Diurnal dynamics of water quality parameters in an aquaculture system based on recirculating green water technology. *Journal of Applied Science and Environmental Management,* **10**(2): 1921.

Alvarado, J. L. (1997) Aquafeeds and the environment. CIHEAM, **22:** 275-289.

Alvarez-Góngora, C. e Herrera-Silveira, J. A. (2006) Variações da estrutura da comunidade fitoplanctónica relacionadas com as tendências da qualidade da água numa zona costeira cársica tropical. *Marine Pollution Bulletin*, **52**: 48-60.

Aminot, A. e Rey, F. (2000) *Standard procedure for the determination of chlorophyll a by spectroscopic methods*, ICES Techniques in Marine Environmental Sciences, pp: 25.

Andrade, F, Aravinda, H. B. e. Puttaiah, E. T. (2011) Estudos sobre a poluição das águas costeiras de Mangalore e suas fontes. *Indian Journal of Science and Technology*, **4**(5): 553-557.

Anh, P. T., Kroeze, C., Bush, S. R. e Mol, A. P. J. (2010) Poluição da água por criação intensiva de camarões salobros no sudeste do Vietname: Causas e opções de controlo. *Agricultural Water Management*, **97**: 872-882.

Atobatele, O. E e Ugwumba, O. A. (2008) Variação sazonal na físico-química de um pequeno reservatório tropical (Reservatório de Aiba, Iwo, Osun, Nigéria). *Jornal Africano de Biotecnologia*, **7**(12): 1962-1971.

Avnimelech, Y., Kochva, M. and Hargreaves (1999) Sedimentation and Resuspension in Eartern Fish Ponds. *Journal of the World Aquaculture Society*, **30**(4): 401-409.

Avnimelech, Y. e Ritvo, G. (2003) Shrimp and fish pond soils; processes and management. *Aquaculture*, **220**: 549-567.

Balogun, K. J., Ladigbolu, I. A. and Ariyo, A. A. (2011) Ecological assessment of a coastal shallow lagoon in Lagos, Nigeria: A bio-indicator approach. *J. Appl. Sci. Environ. Manage.*, **15**(1): 41-46.

Barraza-Guardado, R. H. (2013), Arreola-Lizàrraga, J. A., López-Torres, M. A., Casillas-Hernândez, R., Miranda-Baeza, A. Magallón-Barrajas, F. e Ibarra-Gâmez, C. (2013) Efluentes de fazendas de camarão e sua influência sobre os ecossistemas costeiros da Bahia de Kino, México. *Revista ScientificWorld*, 8 páginas.

Barua, P., Zamal, H. e Chowdhury, M. S. N. (2011) Nutrient mass balance for improved traditional coastal shrimp ponds of Bangladesh. *Mesopot. J. Mar. Sci.*, **26**(2): 98-113.

Beveridge, M. C. M., Ross, L. G. e Stewart, J. A. (1997) The development of mariculture and its implications for biodiversity. In: *Marine Biodiversity: Patterns and Processes* (ed. por Ormond, R. F., Gage, J. D. e Angel, M. V) Cambridge University Press, Cambridge, UK. 372-393.

Bevilacqua, S., Fraschetti, S., Musco, L., Terlizzi, A. (2009) Suficiência taxonómica na deteção de alterações naturais e induzidas pelo homem em assembleias marinhas: Uma comparação de habitats e grupos taxonómicos. *Marine Pollution Bulletin, **58**:* 1850-1859.

Bhadja, P. e Kundu, R. (2012) Estado da qualidade da água do mar em algumas costas industrialmente importantes de Gujarat (Índia) ao largo do Mar Arábico. *Jornal Indiano de Ciências Geo-Marinhas*, ***41***(1): 90-97.

Bhatnagar, A. e Devi, P. (2013) Diretrizes sobre a qualidade da água para a gestão da piscicultura em lago. *Revista Internacional de Ciências Ambientais*, ***3***(6): 1980-2009.

Biao, X., Zhuhong, D. e Xiaorong W. (2004) Impacto da criação intensiva de camarão na qualidade da água dos riachos costeiros adjacentes da China Oriental. *Marine Pollution Bulletin **48***: 543-553.

Boyd, C.E. (1995) Bottom Soils, Sediments and Pond Aquaculture. Chapman & Hall, NewYork, USA.

Boyd, C. E. e Pillai, V. K. (1984) Water Quality Management in Aquaculture. Publicação Especial CMFRI, Número ***22***, pp: 96.

Boyd, C. E. e Green. B. W. (2002) Coastal Water Quality Monitoring in Shrimp Farming Areas, An Example from Honduras. *Relatório preparado no âmbito do Banco Mundial, NACA, WWF e FAO Consortium Program on Shrimp Farming and the Environment*, 29 páginas.

Boyd, C. E., Wood, C. W. e Thunjai, T. (2002) Aquaculture Pond Bottom Soil Quality Management**.** *Pond Dynamics/Aquaculture Collaborative Research Support Program*, 41 páginas.

Boyd, C. E. (2003) Guidelines for aquaculture effluent management at the farm-level. *Aquaculture,* **226**: 101-112.

Bramha, S. N., Panda, U. C., Rath, P., Mohanty, P. K. e Satpathy, K. K. (2011) Anthropological influence in coastal water and its impact on olive ridley turtle: Um estudo de caso no local de nidificação em massa de Rushikulya. *Journal of Ecology and the Natural Environment*, **3**(8): 268-272.

Bryceson, I. (1982) Seasonality of oceanographic conditions and phytoplankton in Dar es Salaam waters. *Jornal Científico da Universidade (Dar Univ.),* **8**: 66-76

Bryceson, I. (2002) Coastal aquaculture developments in Tanzania: Sustainable and non-sustainable experiences. *Western Indian Ocean J. Mar. Sci.* **1** (1): 110.

Bui, T. D., Luong-Van, J. e Austin, C. M. (2012) Impacto dos efluentes de viveiros de camarão na qualidade da água em áreas costeiras da Baía de Ha Long, classificada como Património Mundial. *American Journal of Environmental Sciences*, **8**(2): 104-116.

Burone, L. Muniz, P. Pires-Vanin, A. M. S. and Rodrigues, M. (2003) Distribuição espacial da matéria orgânica nos sedimentos superficiais da Baía de Ubatuba (Sudeste - Brasil). *Anais da Academia Brasileira de Ciências,* 75(1): 77-90.

Buttner, J. K., Soderberg, R. W., e Terlizzi, D. E. (1993) An Introduction to Water Chemistry in Freshwater Aquaculture. *Northeastern Regional Aquaculture Centre (NRAC) Fact Sheet No. 170-1993.* Massachusetts.

Camargo, J. A., Alonso, A. e Salamanca, A. (2005) Nitrate toxicity to aquatic animals: a review with new data for freshwater invertebrates. *Chemosphere*, **58**: 1255-1267.

Camargo, J. A. and Alonso, A. (2006) Ecological and toxicological effects of inorganic nitrogen pollution in aquatic ecosystems: Uma avaliação global (Artigo de revisão). *Ambiente Internacional,* **32**: 831-849.

Camargo, J. A. e Alonso, A. (2007) "Poluição por azoto inorgânico em ecossistemas aquáticos: causas e consequências". *In*: Enciclopédia da Terra. Eds. Cutler J. Cleveland (Washington, D.C.: Environmental Information Coalition, National Council for Science and the Environment). Recuperado: 14 de janeiro de 2012.

Cancemi, G., Falco, G. D., e Pergent, G. (2003) Effects of organic matter input from a fish farming facility on a *Posidonia oceanic* meadow. *Estuarine, Coastal and Shelf Science,* **56**: 961-968.

Cao, L., Wang, W., Yang, Y., Yang, C., Yuan, Z., Xiong, S., e Diana, J. (2007) Environmental Impact of Aquaculture and Countermeasures to Aquaculture Pollution in China. *Environmental Science Pollution Research,* **14**(7): 452-462.

Cardozo, A. P., Britto, V. O. and Odebrecht, C. (2011) Variabilidade temporal do plâncton e nutrientes em viveiros de cultivo de camarão vs. água estuarina adjacente. *Revista PanAmericana de Ciências Aquáticas*, **6**(1): 28-43.

Carvalho, A. P. A., Zhonghua, T., Correia, M. M. F. e Neto, J. P. C. (2010) Estudo das Variáveis Físico-Químicas e da Produtividade Primária na Barragem do Estuário do Rio Bacanga, São Luís, Maranhão, Brasil. *Pesquisador*, **2**(2): 15-24.

Chagas, G. G. and Suzuki, M. S. (2005) Variação Hidroquímica Sazonal em uma Lagoa Tropical Costeira (Lagoa do Açu, Brasil). *Braz. J. Biol.,* **65**(4): 597-607.

Chang, K., Doi, H., Nishibe, Y., Obayashi, Y. and, Nakano, S. (2009) Spatial and Temporal Distribution of Zooplankton Communities of Coastal Marine Waters Receiving Different Human Activities (Fish and Pearl Oyster Farmings). *The Open Marine Biology Journal,* **3,** 83-88.

Chiu, H. M. C. (1998) *Hydrography and pollution of five shores in Hong Kong. In*: Morton, B. (ed), Asian Marine Biology, Volumes 15: .35-71. Imprensa da Universidade de Hong Kong, Hong Kong.

Cowan, V. J., Lorenzen, K. e Funge-Smith, S. J. (1994) Impact of culture intensity and monsoon season on water quality in Thai commercial shrimp ponds. *Aquaculture Research*, **30**: 123-133.

Cowx, I. G. (1992) Aquaculture Development in Africa: Training and Reference Manual for Aquaculture Extensionists. *Secretariado da Commonwealth*, pp: 432.

Cunha, P. S. L., Lanna, E. A. T., Bastos, R. K. X., Quadros, M., Rezende, F. P., Freitas, L. M. (2010)

Fertilizantes para produção de *Daphnia* sp. (Crustacea, Cladocera) em tanques experimentais. *Revista Brasileira de Zootecnia,* **39** (5): 955-960.

Damotharan, P., Perumal, N.V., Arumugan, M., Vijayalakshmi, S. e Balasubramanian, T. (2010) Variação sazonal das caraterísticas físico-químicas nas águas costeiras de Point Calimere (costa sudeste da Índia). *Jornal do Médio Oriente de Investigação Científica*, **6**(4): 333-339.

Dan-kishiya, A.S. e Chiaha, N. Q. (2012) Parâmetros físico-químicos de algumas estações selecionadas no reservatório inferior de Usuma, Bwari, Nigéria. *Relatório e Opinião*, **4**(2): pp: 6.

Davies, O. A. e Abowei, J. F. N. (2009) Sediment Quality of Lower Reaches of Okpoka Creek, Niger Delta, Nigeria. *Jornal Europeu de Investigação Científica*, **26**(3): 437-442

Day, J. H. (1967) A Monograph on the polychaeta of Southern Africa. Parte I. Errantia. Trustees of the British Museum (Natural History), Londres.

Deekae, S. N., Abowei, J. F. N. e Alfred-Ockiya, J. F. (2010) Variação sazonal de alguns parâmetros físicos e químicos do riacho Luubara, terra de Ogoni, Delta do Níger, Nigéria. *Revista de Investigação em Ciências do Ambiente e da Terra,* **2**(4): 208-215.

Devi, P., Sirisha, D. e Gandhi N. (2012) Caracterização da *lagoa do camarão* em torno de Bhimavarm, distrito de West Godavari, A. P. Índia. *Revista Internacional de Investigação em Química e Ambiente*, **2**(1): 251-254.

Diana, J. S., Lin, C. K. e Schneeberger, P. J., (1991) Relationships among nutrient inputs, water nutrient concentrations, primary production, and yield of *Oreochromis niloticus* in ponds. *Aquaculture, 92: 323-341.*

Eklof, J. S., Castro, M. T., Adelskold, L., Jiddawi, N. S. e Kautsky, N. (2005) Differences in macrofaunal and seagrass assemblages in seagrass beds with and without seaweed farms. *Estuarine, Coastal and Shelf Science,* **63**: 385-396.

Ekubo, A. A. e Abowei, J. F. N. (2011[a]) Revisão de alguns princípios de gestão da qualidade da água na pesca de cultura. *Research Journal of Applied Sciences, Engineering and Technology*, **3**(2): 1342-1357.

Ekubo, A. T. e Abowei, J. F. N. (2011) Uma revisão dos princípios de gestão do solo de viveiros de peixes na Nigéria. *Revista de Investigação em Ciências do Ambiente e da Terra*, **3**(6): 694-703.

Elnady, M. A., Alkobaby, A.I., Salem, M. A., Abdel-Salam, M. e Asran, B. M. (2010) Efeito da fertilização e da alimentação de baixa qualidade na dinâmica da qualidade da água e no desempenho do crescimento da tilápia do Nilo *(Oreochromis niloticus). Journal of American Science*, **6**(10): 1044-1054.

Ezekiel, E. N. Hart, A. I. e Abowei, J. F. N. (2011a) As caraterísticas físicas e químicas dos sedimentos no rio Sombreiro, Delta do Níger, Nigéria. *Revista de Investigação em Ciências do Ambiente e da Terra*, **3**(4): 341-349.

Ezekiel, E. N. Hart, A. I. e Abowei, J. F. N. (2011b) A Distribuição e Sazonalidade dos Macro-Invertebrados Bentónicos no Rio Sombreiro, Delta do Níger, Nigéria. *Revista de Investigação de Ciências Aplicadas, Engenharia e Tecnologia*, **3**(4): 264-271.

FAO (1992) Guidelines for Promotion of Environmental Management of Coastal Aquaculture Development (Diretrizes para a promoção da gestão ambiental do desenvolvimento da aquicultura costeira). *Documento técnico da FAO sobre pescas. No. 328*. Roma, pp: 23.

FAO (2004) Capture-based aquaculture. *The fattening of eels, groupers, tunas and yellow tails,* Roma, pp: 308.

FAO (2010) The State of World Fisheries and Aquaculture. Análise Mundial da Pesca e da Aquicultura - Parte 1. Roma, pp: 89.

Fernandes, S. O., Kulkarni, S. S., Shirodkar, R. R., Karekar, S. V., Kumar, R. P., Sreepada, R. A., Vogelsang, C., Bharathi, P. A. L. (2010) Qualidade da água e bacteriologia numa instalação de aquacultura equipada com um novo sistema de arejamento. *Monitorização e Avaliação Ambiental*, **164**(4): 81-92.

Ferreira, N. C., Bonetti, C., Seiffert, W. Q. (2011) Índices hidrológicos e de qualidade da água como ferramentas de gestão na cultura do camarão marinho, *Aquaculture.*

Frangipane, G., Pistolato, M., Molinaroli, E., Guerzoni, S. e Tagliapietra, D. (2009) Comparação dos métodos de perda por ignição e de análise térmica por etapas para a determinação da matéria orgânica sedimentar. *Aquatic Conservation: Marine and Freshwater Ecosystems*, **19**: 24-33.

Fujioka, Y., Shimoda, T. e Srithong, C. (2007) Diversidade e estrutura comunitária da fauna macrobentónica em tanques de aquacultura de camarão do Golfo da Tailândia. *JARQ*, **41**(2), 163-172.

Gadhia, M. Surana, R. e Ansari, E. (2012) Variações sazonais nas caraterísticas físico-químicas do estuário do Tapi na zona industrial de Hazira. *Our Nature*, **10**: 249-257.

George, A. D. I., Abowei, J. F. N. e Alfred-Ockiya, J. F. (2010) A Distribuição, Abundância e Sazonalidade dos Macro Invertebrados Bentónicos nos Sedimentos do Riacho Okpoka, Delta do Níger, Nigéria. *Jornal de Investigação de Ciências Aplicadas Engenharia e Tecnologia*, **2**(1): 11-18.

Godbold, J. A. e Solan, M. (2009) Relative importance of biodiversity and the abiotic environment in mediating an ecosystem process (Importância relativa da biodiversidade e do ambiente abiótico na mediação de um processo ecossistémico). *Marine Ecology Progress Series,* **396:** 273-282.

Grall, J. e Chauvaud, L. (2002) Marine eutrophication and benthos: the need for new approaches and concepts. *Global Change Biology,* **8**: 813-830.

Grasshoff, K., Kremling, K. e Ehrhardt, M. (1999) Methods of Seawater Analysis 3rd , Edição Completamente Revista e Alargada, Wiley-VCH, Weinheim. pp: 634.

Gross, A. and Boyd, C. E. (1998) A Digestion Procedure for the Simultaneous Determination of Total Nitrogen and Total Phosphorus in Pond Water. *Sociedade Mundial de Aquacultura*, **29**(3): 300-303.

Gross, A., Boyd, C. E. e Wood, W. (2000) Transformações e equilíbrio do azoto em tanques de peixe-gato. *Aquacultural Engineering,* **24**: 1-14.

Guerrero-Galvan, S. R., Pàez-Osuna, F., Ruiz-Fernàndez, A. C. e Espinoza-Angulo, R. (1999) Variação sazonal da qualidade da água e da clorofila a em viveiros semi-intensivos de camarões num ambiente subtropical. *Hydrobiologia*, **391**(1-3): 33-45.

Gunalan, B., Nina, T. S., Soundarapandian, P., Anand, T. e Kotiya, A. S. (2012) Estimativa dos nutrientes do solo em tanques de cultura de *L.vannamei*. *Jornal de Investigação Básica de Ciências Agrárias e Revisão*, **5**: 124-131.

Gupta, B. P., Krishnan, K. K., Joseph, K. O., Muralidhar, M., Ali, S.A., e Gopal, C. (2001) Soil and water characteristics and growth of *Penaeus monodon* fed with formulated feed in experimental tanks. *Indian J. Fish,* **48**(4): 345-351.

Guzmàn-Alvis, A. I., Lattig, P. e Ruiz, J. A. (2006) Spatial and Temporal Characterization of Soft Bottom Polychaetes in a Shallow Tropical Bay (Colombian Caribbean). *Bol. Invest. Mar. Cost.*, **35**: 19-36.

GWA (Government of Western Australia) (2009) Surface water sampling methods and analysis - technical appendices. Department of Water, Perth Western Australia 6000. pp: 59.

Hamisi, M. I. e Mamboya, F. A. (2014) Dinâmica de nutrientes e fitoplâncton ao longo do canal de descarga de esgotos da Ocean Road, Dar es Salaam, Tanzânia. *Journal of Ecosystems*, 8 páginas.

Head, K. H. (1992) Manual of Soil Laboratory Testing. Volume 1: Soil Classification and Compaction Tests, 2nd edition. John Wiley and Sons, Inc. Nova Iorque. pp: 388.

Heathwaite, A. L. and Johnes, P. J. (1996) Contribution on Nitrogen Species and Phosphorus Fractions to Stream Water Quality in Agricultural Catchments. *Hydrological Processes*, **10**: 971-983.

Hopkins, J. S., Hamilton, R. D. Sandifer, P. A. Browdy, C. L. e. Stokes, A. D. (1993) Effect of Water Exchange Rate on Production, Water Quality, Effluent Characteristics and Nitrogen Budgets of Intensive Shrimp Ponds. *Journal of the World Aquaculture Society,* **24**(3): 304-320.

Ibrahim, S., Hussin, M. R., Kassim, Z., Joni, Z. M., Zakaria, M. Z., Hajisamae, S. (2006) Abundância sazonal das comunidades bentónicas nas zonas de coral da ilha de Karah, Terengganu, Malásia. *Jornal Turco de Pescas e Ciências Aquáticas,* **6***: 129-136.*

Ideriah, T. J. K., Amachree, O. e Stanley, H. O. (2010) Assessment of Water Quality Along Amadi Creek In Port Harcourt, Nigeria. *Scientia Africana,* **9**(1): 150162.

Ihsan, Y. N. (2012) Fluxos de nutrientes em sistemas de aquacultura multitróficos. *Dissertação de Mestrado em Ciências,* aus Bandung-Indonesien, pp: 108.

Islam, M. I., Alam, M. J., Rheman, S., Ahmed, S. U. e Mazid, M. A. (2004) Water quality, nutrient dynamics and sediment profile in shrimp farms of the Sundarbans mangrove forest, Bangladesh. *Indian Journal of Marine Sciences*, **33**(2): 170-176.

Iqbal, F, Ali, M., Sala A., Khan B. A., Ahmad S., Qamar M. e Umer K. (2004) Variações sazonais das caraterísticas físico-químicas da água do rio Soan na ponte Dhoak Pathan (Chakwal), Paquistão. *Jornal Internacional de Agricultura e Biologia*, **6**(1): 89-92.

Jahani, N., Nabavi, S. N. B., Dehghan Madiseh, S., Mortezaie, S. R. S. e Fazeli, N. (2012) O efeito da cultura de peixes marinhos em gaiolas nas comunidades bentónicas utilizando o índice BOPA em Ghazale Creek (Golfo Pérsico). *Jornal Iraniano de Ciências da Pesca*, **11**(1): 78-88.

Jayanthi, M., Muralidhar, M. e Ramachandran, S. (2007) Impact of shrimp farming on the soil characteristics of Vellar Coleroon estuary complex, Tamil Nadu. *Indian J. Fish,* **54**(2): 179-187.

Jennerjahn, T. C., Nasir, B. Pohlenga, I. (2009) Variação espácio-temporal dos nutrientes inorgânicos dissolvidos relacionada com a hidrodinâmica e a utilização dos solos na lagoa Segara Anakan, delimitada por mangais, Java, Indonésia. *Reg Environ Change, 9:* 259-274.

Jirsa, D. O., Davis, D. A. e Arnold, C. R. (1997) Effects of Dietary Nutrient Density on Water Quality and Growth of Red Drum *Sciaenops ocellatus* in Closed Systems. *Journal of the World Aquaculture Society*, **28**(1): 68-78.

Johnston, D., Lourey, M., Tien, D. V., Luu, T. T. e Xuan, T. T. (2002) Water quality and plankton densities in mixed shrimp-mangrove forestry farming systems in Vietnam. *Aquaculture Research*, **33**: 785-798.

Kirkagaç, M. U., Pulatsü, S. e Koksal, G. (2004) Effects of land-based trout farms on the benthic macroinvertebrate community in a Turkish Brook. *The Israeli Journal OfAquaculture-Bamidgeh,* **56**(1): 59-67.

Klaoudatos, S. D., Klaoudatos, D. S., Smith, J., Bogdanos, K. e Papageorgiou, E. (2006) Assessment of site specific benthic impact of floating cage farming in the eastern Hios island, Eastern Aegean Sea, Greece. *Journal of Experimental Marine Biology and Ecology,* **338**: 96-111.

Krishnan, J. (2008) Investigação sobre Hidrobiologia e Parâmetros de Qualidade da Água do Lago Periyar, Thekkady, Kerala. Tese apresentada à Mahatma Gandhi University, Kerala, como cumprimento parcial dos requisitos para o grau de Doutor em Filosofia em Botânica, pp: 300.

Krüger, G. C. T., de Carvalho, C. E. V. and Suzuki, M. S. (2006) Dinâmica de nutrientes dissolvidos, clorofila a e COD sob regimes distintos de descargas fluviais e ciclos de maré no estuário do rio Paraíba do Sul, R. J. *Journal of Coastal Research*, Special Issue, **39**: 724-730.

Kumar, P., Jetani, K. L., Yusuzai, S. I., Sayani, A. N, Dar, S. A. e Rather, M. A. (2012) Efeito dos parâmetros de qualidade dos sedimentos e da água na produtividade da exploração costeira de camarão. *Avanços na Pesquisa em Ciências Aplicadas*, **3**(4): 2033-2041.

Kumara, V. e Kumar, V. K. M. (2011) Avaliação da qualidade da água dos ecossistemas de mangais de Kundapura, distrito de Udupi, Karnataka, costa sudoeste da Índia. *Journal ofEcobiotechnology*, **3**(12): 23-29.

Kumari, V., Rathore, G., Chauhan, U. K., Pandey, A. K. e Lakra, W. S. (2011) Seasonal variations in abundance of nitrifying bacteria in fish pond ecosystem. *Journal ofEnvironmental Biology*, **32**: 153-159.

Kyewalyanga, M. N. S. and Mwandya, A. W. (2004) Influence of Environmental Variables on Planktonic and Phytobenthic Communities in Earthern Ponds at Makoba, Zanzibar. *Jornal de Ciências Marinhas do Oceano*

Índico Ocidental, **3**(2): 123-133.

Lalli, C. M. e Parsons, T. R. (1995) Biological Oceanography: An Introduction. Butterworth- Heinemann, Londres.

Lam, K. K. Y. (2000) *Hydrography, nutrients and phytoplankton, with special reference to an hypoxic event at an experimental artificial reef at Hoi Ha Wan, Hong Kong*, pp: 35-64. *In*: Morton, B. (ed), Asian Marine Biology 16. Hong Kong University Press, Hong Kong.

Lee, H. W., Bailey-Brock, J. H. e McGurr, M. M. (2006) Temporal changes in the polychaete infaunal community surrounding a Hawaiian mariculure operation. *Marine Ecology Progres Series*, **307**: 175-185.

Lemonnier, H. and Faninoz, S. (2006) Effect of water exchanges on effluent and sediment characteristics and on partial nitrogen budget in semi-intensive shrimp ponds in New Caledonia. *Aquaculture research,* **37** (9): 938-948.

Li, B., Li X., Wang, H. Wang, J. Han, Q., Dong, C., Ma, L., Zhang, B. (2010) A relação entre as comunidades macrobentónicas de fundo mole e as variáveis ambientais ao largo de Ningjin, na Península de Shandong oriental. *Ata Oceanol. Sin*., **29**(6): 73-82.

Lin, C. K., Yi, Y. e Diana, J. S. (1996) The effects of pond management strategies on nutrient budgets: Tailândia**.** PD/A CRSP, 14th Relatório Técnico Anual, Universidade do Estado do Oregon, pp. 19-24: 19-24.

Ling, T.Y. Abdul-Ghani, R., Hamdan, N. A., Nyanti, L. (2012a) Impactos das Áreas Residenciais e da Aquacultura na Qualidade dos Sedimentos do Rio Semariang Batu em Sarawak, Malásia. *Revista Internacional de Engenharia Química e Ambiental***,** **3**(2): 15-19.

Ling, T-Y., Jaafar, N. e Nyanti, L. (2012b) Qualidade da água e dos sedimentos perto da fazenda de aquicultura de camarão no rio Selang Sibu, Telaga Air, Sarawak, Malásia. *Revista Mundial de Ciências Aplicadas*, **18**(6): 855-860.

Lugendo, B. R., Mgaya, Y. D. e Semesi, A. K. (1999) As ervas marinhas e as macroalgas associadas em praias selecionadas ao longo da costa de Dar Es Salaam. *In*: Richmond D. M. e Francis, J. (eds.) Marine Science Development in Tanzania and East Africa. pp: 359-373.

Lugomela, C., Lyimo, T. J., Bryceson, I., Semesi, A. K. e Bergman, B. (2002) *Trichodesmium* in coastal waters of Tanzania: diversity, seasonality, nitrogen and carbon fixation. *Hydrobiologia, 477:* 1-13.

Lyimo, T. J., Mvungi, E. F. e Mgaya, Y. D. (2008) Abundância e diversidade de ervas marinhas e macrofauna nas zonas intertidais com e sem actividades de cultivo de algas na costa oriental de Zanzibar. *Tanzania Journal of Science, 34*: 1-14.

MacGibbon, D. J. (2008) The Effects of Different Water Quality Parameters on Prawn (*Macrobrachium Rosenbergii*) Yield, Phytoplankton Abundance and Phytoplankton Diversity at New Zealand Prawns Limited, Wairakei, New Zealand. Mestrado (Ecologia e Biodiversidade). Universidade Victoria de Wellington, pp: 132.

Maia, E. P., Alfredo Olivera Gàlvez, A. O. e Silva, L. O. B. (2011) Fazendas brasileiras de camarão

Litopenaeus vannamei com sistemas de recirculação parcial e total. *Revista Internacional de Ciências Aquáticas*, *2*(1): 16-27.

Manikannan, R., Asokan, S. e Ali, A. H. M. S. (2011) Variações sazonais das propriedades físico-químicas do Grande Pântano de Vedaranyam, Santuário de Vida Selvagem de Point Calimere, costa sudeste da Índia. *Jornal Africano de Ciência e Tecnologia Ambiental,* *5*(9): 673-681.

Manna, N. K., Banerjee, S. and Bhowmik, M. L. (2003) Hydrobiology of Wastewater- fed Man-made Lotic Fish Culture Ponds in Relation to Pollution Physico-Chemical Characteristics. *Philippine Journal of Science*, **132**(1): 47-58.

Mannino, A. M. and Sara, G (2008); Effects of fish-farm biodeposition on periphyton assemblages on artificial substrates in the southern Tyrrhenian Sea (Gulf of Castellammare, Sicily). *Aquatic Ecology,* **42**(4): 575-581

Mantzavrakos, E., Kornaros, M., Lyberatos, G. e Kaspiris, P. (2007) Impacts of a marine fish farm in Argolikos Gulf (Greece) on the water column and the sediment. *Desalination,* **210**: 110-124.

Masuda, K. e Boyd, C. E. (1994) Effects of Aeration, Alum Treatment, Caling, and Organic Matter Application on Phosphorus Exchange between Soil and Water in Aquaculture Ponds at Auburn, Alabama. *Journal of the World Aquaculture Society*, **25**(3): 405-416.

Matias, H. B., Yusoff, F. M., Shariff, M. e Azhar, O. (2002) Effects of Commercial Microbial Products onWater Quality in Tropical Shrimp Culture Ponds. *Asian Fisheries Science,* **15**: 239-248.

Matute, M. M. (2010) 'Impact of fish feed on four benthic invertebrate phyla abundance and taxa richness: benthic ecology implications', *Aquatic Ecosystem Health & Management*, **13**(4): 465-471.

Maurer, D. e Vargas, J. A. (1984) Diversidade de bentos de fundo mole num estuário tropical: Golfo de Nicoya, Costa Rica. *Marine Biology*, 81: 97-106.

McClanahan, T. R. (1988) Seasonality in East Africa's coastal waters (Revisão). *Marine Ecology Progress Series*, **44**: 191-199.

Mengesha, S., Dehairs, F., Elshens, M. e Goeyens, L. (1999) Phytoplankton Nitrogen Nutrition in the Western Indian Ocean: Ecophysiological Adaptations of Neritic and Oceanic Assemblages to Ammonium Supply. *Estuarine, Coastal and Shelf Science*, **48**: 589-598.

Mente, E., Pierce, G. J., Santos, M. B. e Neofitou, C. (2006) Effect of feed and feeding in the culture of salmonids on the marine aquatic environment: a synthesis for European aquaculture. *Aquaculture International,* **14:** 499522.

Mirera, D. O. (2011) Policultura experimental de peixe-leite (*Chanos chanos*) e tainha (*Mugil cephalus*) usando tanques de terra no Quénia. *Jornal de Ciências Marinhas do Oceano Índico Ocidental,* **10**(2): 59-71.

Mishra, R. R., Rath, B. e Thatoi, H. (2008) Water Quality Assessment of Aquaculture Ponds Located in Bhitarkanika Mangrove Ecosystem, Orissa, India. *Jornal Turco de Pescas e Ciências Aquáticas,* **8**: 71-77.

Mmochi, A. J., Dubi, A. M., Mamboya, F. A. e Mwandya, A.W. (2002) Effects of Fish Culture on Water

Quality of an Integrated Mariculture Pond System. *Jornal de Ciências Marinhas do Oceano Índico Ocidental,* **1**(1): 53-63.

Mmochi, A. J. e Mwandya, A.W. (2003) Water Quality in the Integrated Mariculture Pond Systems (IMPS) at Makoba Bay, Zanzibar, Tanzania. *Western Indian Ocean Journal of Marine Sciences,* **2**(1): 15-23.

Montoya, R. A., Lawrence, A. L., Grant, W. E. e Velasco, M. (2002) Simulação da dinâmica do azoto inorgânico e da sobrevivência do camarão num sistema intensivo de cultura de camarão. *Aquaculture Research,* **33**, 81-94.

Mtoni, Y. (2013) Intrusão de água salgada na faixa costeira do aquífero quaternário de Dar es Salaam, Tanzânia. Tese de doutoramento, Universidade de Ghent, Faculdade de Ciências, Bélgica, 395 pp.

Murugesan, P., Ajithkumar, T. T., Ajmal Khan, S. e Balasubramanian, T. (2009) Use of benthic biodiversity for assessing the impact of shrimp farming on environment. *Jornal de Biologia Ambiental*, **30**(5): 865-870.

Muylaert, K., Sanchez-Pérez, J. M., Teissier, S., Sauvage, S., Dauta, A. e Vervier, P. (2009) Eutrophication and its effect on dissolved Si concentrations in the Garonne River (France). *Journal of Limnology*, **68**(2): 368-374.

Mwandya, A., Mtolera, M. S. P., Pratap, H.B. e Jiddawi, N. S. (2001) Macro algas como biofiltros de nutrientes inorgânicos dissolvidos num sistema integrado de tanques de maricultura em Zanzibar. *In*: Richmond J. e Julius F. (Editores). Desenvolvimento das Ciências Marinhas na Tanzânia e na África Oriental. Actas da Conferência do 20th Aniversário sobre os avanços nas Ciências Marinhas na Tanzânia. 28th junho - 1st julho, 1999; Zanzibar, Tanzânia. IMS/WIOMSA.159-170.

Nalesso, R. C., Joyeux, J-C., Quintana, C. O., Torezani, E. e Otegui, A. C. P. (2005) Comunidades macrobentônicas de fundo mole do sistema estuarino da Baía de Vitória, Sudeste. *Revista Brasileira de Oceanografia,* **53**(1/2): 2338.

Ndome, C. B., Udo, I. U., Akpan, I. I. e Udom, C. (2012) Efeito da Qualidade da Água e das Propriedades do Solo do Fundo na Diversidade e Abundância da Fauna Macrobêntica em Alguns Tanques de Peixes Tropicais de Terra em Crescimento. *Ecologia*, **2**(1): 12-22.

NEMC (1997) Relatório de Revisão do NEMC sobre a "*Avaliação do Impacto Ambiental para um Projeto de Cultivo de Camarão Ambientalmente Responsável no Delta de Rufiji, Tanzânia*".

Neofitou, N., Vafidis, D., e Klaoudatos, S. (2010) Spatial and temporal effects of fish farming on benthic community structure in a semi-enclosed gulf of the Eastern Mediterranean. *Aquaculture Environment Interactions, **1**: 95* 105.

Nicholson, S. E. (1996) A review of climate dynamics and climate variability in eastern Africa. *In*: *The Limnology, Climatology and Paleoclimatology of the East African Lakes*, Johnson TC, Odada E (eds). Gordon and Breach: Amesterdão; 25-56.

Nkwoji, J. A., Yakub A., Ajani, G. E., Balogun, K. J., Renner, K.O., Igbo, J. K., Ariyo, A. A. e Bello, B. O.

(2010) Variações sazonais na química da água e macroinvertebrados bentónicos de uma lagoa do sudoeste, Lagos, Nigéria. *Jornal de Ciência Americana*, **6**(3):85-92.

Nyanti, L. George, B. e Ling, T.Y. (2011) Tratamento de efluentes de tanques de camarão usando tanques de sedimentação nos trópicos. *Jornal de Ciência e Engenharia Ambiental*, **5**: 381-387.

Offem, B. O., Ayotunde, E. O., Ikpi, G. U., Ochang, S. N. e Ada, F. B. (2011) Influência das estações na qualidade da água, abundância de peixes e espécies de plâncton do lago Ikwori, sudeste da Nigéria. *Revista de Pesca e Aquacultura*, **13**: 1-18.

Ojutiku, R. O. e Kolo, R. J. (2011) Variações temporais e espaciais em alguns parâmetros físico-químicos do rio Chanchaga, Estado do Níger, Nigéria. *Jornal de Biociências Aplicadas*, **47**: 3242- 32455.

Okuku, E. O., Ohowa, B., Mwangi, S. N., Munga, D., Kiteresi, L. I., Wanjeri, V. O., Okumu, S. e Kilonzo, J. (2011) Poluição por esgotos nas águas costeiras da cidade de Mombaça, Quénia: A norm Rather than an Exception *Int. J. Environ. Res.*, **5**(4):865-874.

Ólafsson, E., Johnson, R. W. e Ndaro, S. G. M. (1995) Effects of intensive seaweed farming on the meiobenthos in a tropical lagoon. *Journal of Experimental Marine Biology and Ecology*, 191: 101-117.

Ometo, J. P. H. B., Martinelli, L. A., Ballester, M. V., Gessner, A., Krusche, A. V., Victoria, R. L. e Williams, M. (2000) Efeitos do uso da terra sobre a química da água e macroinvertebrados em dois riachos da bacia do rio Piracicaba, sudeste do Brasil. *Freshwater Biology*, **44**: 327-337.

Onuoha, P. C., Nwankwo, D. I. e Vyverman, W. (2010) Dinâmica da *clorofila-a* em relação aos parâmetros ambientais numa lagoa tropical. *Journal of American Science*, **6**(12):327-337.

Paez-Osuna, F. (2001) O Impacto Ambiental da Aquacultura de Camarão: causas, efeitos e alternativas de mitigação. *Gestão Ambiental*, **28**(1): 131-140.

Pandey, N. e Malik, D. S. (2008) Integrated fish farming. Daya Publishing House, Delhi-110 035. pp: 190.

Parsons, T. R., Maita, Y. e Lalli, C.M. (1984) A manual of chemical and biological methods for seawater analysis. Pergamon Press, Nova Iorque, pp: 170.

Patil, J. V., Ekhande, A. P e Padate, G. S. (2011) Estudo do Lago Lotus: Os seus factores abióticos e a sua correlação com as alterações sazonais e a altitude. *Anais da Investigação Biológica*, **2**(4): 44-56.

Paulo, J. G., Montes, M., Dej. F., Santos Júnior, A. C., Batista, T. N. F., Travassos, R. K., Nascimento Filho, G. A., Do; Feitosa, F. A., Gaspar, F. L. e Pitanga, M. E. (2011). Matéria orgânica alóctone e autóctone em uma área estuarina tropical urbana do nordeste do Brasil. *Journal of Coastal Research*. **SI 64**. (Proceedings of the 11th International Coastal Symposium), Szczecin, Polónia, pp: 1798-1801.

Pearson, T. H. e Rosenberg, R. (1978) Macrobenthic succession in relation to organic enrichment and pollution of the marine environment. *Oceanography & Marine Biology Annual Review*, **16**, 229-311.

Prasanna, M. B., e Ranjan, P. C. (2010) Propriedades físico-químicas da água recolhida no estuário de Dhamra. *Revista Internacional de Ciências Ambientais*, **1**(3): 334-342.

Pulatsü, S., Rad F., Koksal G., Aydin F., Benli, A. C. K. e Topçu, A. (2004) The Impact of Rainbow Trout Farm Effluents on Water Quality of Karasu Stream, Turkey. *Turkish Journal of Fisheries and Aquatic Sciences,* **4**: 09-15.

Putro, S. P. (2007) Spatial and Temporal Patterns of the Macrobenthic Assemblages in Relation to Environmental Variables. *Jornal de Desenvolvimento Costeiro*, **10**(3): 153-169.

Putro, S. P. e Hariyati, R. (2012) Avaliação da qualidade ambiental de áreas de tanques de peixes costeiros usando a estrutura macrobêntica: Abordagens Multivariadas e Gráficas. Conferência Internacional sobre Ciências da Vida Aplicadas (ICALS2012), Turquia, 10-12 de setembro de 2012, 415-421.

Rabalais, N. N. (2002) Nitrogénio nos ecossistemas aquáticos. *Ambio,* **31**: 102-12.

Rajasegar, M., Srinivasam, M. and Khan, S. A. (2002) Distribution of sediment nutrients of Vellar estuary in relation to shrimp farming. *Indian Journal of Marine Sciences*, **31**(2): 153-156.

Rajasegar, M. (2003) Physico-chemical characteristics of the Vellar estuary in relation to shrimp farming. *Jornal de Biologia Ambiental*, **24**(1): 95-101.

Richmond, M. D. (2002) A Field Guide to the Seashores of Eastern Africa and the Western Indian Ocean Islands. Sida/SAREC-UDSM, pp: 461.

Reyes, G. G. (2014) Cultura mista (camarão, ostras e macroalgas) para melhorar a produtividade e reduzir o impacto ambiental no ecossistema costeiro causado por incubadoras de camarão no México. *Revista Internacional de Química Agrícola*, **1**(2): 025-031.

Rivero, M. S., Elias, R. e Vallarino, E. A. (2005) Primeiro levantamento da macrofauna no porto de Mar del Plata (Argentina) e o uso de poliquetas como indicadores de poluição. *Revista de Biologia y Oceanografia,* **40**(2): 101-108.

Samocha, T. M. and Lawrence, A. L. (1997) Shrimp farms effluent water, environmental impact and potential treatment methods. *in*: B. J. Keller, P. K. Park, J. P. McVey, K. Takayanagi e K. Hosoya (eds). *Water Effluent and Quality, With Special Emphasis on Finfish and Shrimp Aquaculture. Actas do 24° Simpósio do Painel de Aquacultura EUA-Japão*, Corpus Christi, Texas, EUA, 8-10 de outubro de 1995. Relatório Técnico UJNR nº 24. Programa da Faculdade Sea Grant da Universidade do Texas A&M TAMU-SG-97-102. pp: 33-57.

Samocha, T. Z., Lopez, I. M., Jones, E. R. e Lawrence, A. L. (2004) Caracterização das águas de entrada e efluentes de explorações intensivas e semi-intensivas de camarão no Texas. *Aquaculture Research,* **35**, 321-339.

Sanz-Làzaro, C. e Marin, A. (2011) *Revisão:* Diversity Patterns of Benthic Macrofauna Caused by Marine Fish Farming (Padrões de diversidade da macrofauna bentónica causados pela piscicultura marinha). *Diversidade,* **3**: 176-199.

Sara, G. (2007) Aquaculture effects on some physical and chemical properties of the water column: A meta-analysis. *Química e Ecologia,* **23**(3): 251-262.

Saravanakumar, A. Rajkumar, M. Sesh Serebiah, J. e Thivakaran, G. A. (2008) Variações sazonais das caraterísticas físico-químicas da água, dos sedimentos e da textura do solo nos mangais da zona árida de Kachchh-Gujarat. *Jornal de Biologia Ambiental*, **29**(5): 725-732.

Sarkar, S. K., Bhattacharya, A., Giri S., Bhattacharya, B., Sarkar, D., Nayak, D. C. e Chattopadhaya, A. K. (2005) Spatiotemporal variation in benthic polychaetes (Annelida) and relationships with environmental variables in a tropical estuary. *Wetlands Ecology and Management,* **13**: 55-67.

Satheeshkumar, P. e Khan, B. A. (2009) Variações sazonais nos parâmetros físico-químicos da água e caraterísticas dos sedimentos dos mangais de Pondicherry. *Jornal Africano de Ciências Básicas e Aplicadas*, **1**(1-2): 36-43.

Seema, C., Jayasankar, R. e Mathew G. (2005) Influência dos parâmetros físico-químicos na remoção de compostos azotados durante o tratamento de efluentes de peixe com algas marinhas. *Seaweed Res. Utiln.*, **27**(1 & 2): 99-104.

Senthilkumar, B., Purvaja, R. e Ramesh, R. (2008) Dinâmica sazonal e das marés dos nutrientes e da clorofila *a* num estuário de mangais tropicais, na costa sudeste da Índia. *Indian Journal of Marine Sciences*, **37**(2): 132-140.

Setiarto, A. e Suradi (1999) The Measurement of *Chlorophyll-a* Concentration in the Coastal Waters Adjacent to Karang Anyar Shrimp Ponds, Tugu Semarang. *Journal of Coastal Development*, publicado pelo Instituto de Investigação da Universidade de Diponegoro, Semarang, Indonésia.

Shah, M. R., Hossain, Y., Begum, M., Ahmed, Z. F., Ohtomi, J., Rahman, M. M. Alam, J., Islam, A., e Fulanda, B. (2008) Seasonal Variations of Phytoplanktonic Community Structure and Production in Relation to Environmental Factors of the Southwest Coastal Waters of Bangladesh. *Journal of Fisheries and Aquatic Sciences*, **3**(2): 102-113.

Sharma, K. K., Sharma, V., Sharma, A. e Sharma, R. (2013) Efeito das caraterísticas físico-químicas dos sedimentos na distribuição de invertebrados macro-bentónicos no rio Tawi, da região de Jammu, J e K (Índia). *Revista Internacional de Investigação Científica Recente,* **4**(6): 862-868.

Sharma, R. e Capoor, A. (2010) Variações Sazonais nos Parâmetros Físicos, Químicos e Biológicos da Água do Lago do Santuário de Aves de Patna em Relação à Produtividade dos Peixes. *Revista Mundial de Ciências Aplicadas*, **8**(1): 129-132.

Shaw, P. J. A. (2003) Multivariate Statistics for the Environmental Sciences. Hodder Arnold, Londres, pp: 233.

Shehata, S.A. e Badr, S.A. (2010) Mudanças na qualidade da água no rio Nilo Cairo, Egito. *Journal ofApplied Sciences Research,* **6**(9): 1457-1465, 2010.

Shishehchian F. e Yusof, F. M. (1999) Composition and Abundance of Macrobenthos in Intensive Tropical Marine Shrimp Culture Ponds. *Journal of the World Aquaculture Society*, **30**(1): 128-133.

Siddique, M. A. M., Barua, P. e Ghani, M. H. (2012) Estudo comparativo das propriedades físico-químicas do solo de acordo com a idade do tanque de aquacultura do Bangladesh *Mesopot. J. Mar. Sci.,* **27**(1): 29-38.

Simonassi, J. C., Hennemann, M. C., Talgatti, D. e Marques Jr., A. N. (2010) Variações de nutrientes e qualidade da água costeira da Ilha de Santa Catarina, Brasil. *Biotemas*, **23**(1): 211-223.

Sipaùba-Tavares, L. H., Millan, R. N. e do Amaral, A. A. (2013) Influência do manejo na qualidade da água e do sedimento em piscicultura tropical. *Journal of Water Resource and Protection*, **5**: 495-501.

Smith, M. E. e Daeur, D. M. (1994) Eutrophication and macrobenthic communities of the Lower Chesapeake Bay: I. Acute effects of low dissolved oxygen in the Rappahannock River. Toward a Sustainable Coastal Watershed: The Chesapeake Experiment, Actas de uma Conferência, 1-3 de junho de 1994. Publicação nº 149 do Consórcio de Investigação de Chesapeake, pp: 76-83.

Somerfield, P. J. e Clarke, K. R. (1995) Taxonomic levels, in marine community studies, revisited. *Marine Ecology Progress Series*, **127**: 113-119.

Stromberg, H., Pettersson, C. e Johnstone, R. (1998), Spatial Variations in Benthic Macrofauna and Nutrient Dynamics in a Mangrove Forest Subject to Intense Deforestation: Zanzibar, Tanzânia. *Ambio*, **27**(8): 734- 739.

Sumagaysay-Chavoso, N. S., San Diego-McGlone, M. L., e David L. T. (2004) Capacidade ambiental da água recetora como base para regular a intensidade da cultura do peixe-leite (Chanos chanos Forsskal). *Journal of Applied Ichthyology*, **20**: 476-487.

Sunil, K. R. (1993) Studies o the Benthic Fauna of the Mangrove Swamps of Cochin Area. Tese apresentada à Universidade de Ciência e Tecnologia de Cochin em cumprimento parcial dos requisitos para o grau de Filosofia na Faculdade de Ciências Marinhas, pp: 137.

Sujatha, C. H., Benny, N., Raveendran, R., Fanimol, C. L. e Samatha, N. K. (2009) Nutrient dynamics in the two lakes of Kerala, India. *Indian Journal of Marine Sciences*, **38**(4): 451-456.

Sychra, J. e Adâmek, Z. (2011) O impacto da remoção de sedimentos na assembleia de macroinvertebrados aquáticos na zona litoral de um tanque de piscicultura. *J. Limnol.,* **70**(1): 129-138.

Tacon, A. G. J., e Forster, I. P. (2003) Aquafeeds and the Environment: Policy implications. *Aquaculture,* **226**: 181-189.

TBM e EAMB (Gabinete de Meteorologia da Tanzânia e Gabinete Meteorológico da África Oriental) (2010) Mafia island-weather and seasons. Obtido em 23/07/2011 de http://www.mafiaisland.com/blog/weather-and-seasons/?replytocom=97.

TCMP (Tanzania Coastal Management Partnership) (1999) *Mariculture Issue Profile*, Documento de Trabalho Número 500. pp: 106.

Teichert-Coddington, D. R., Delia Martinez, D. e Ramirez, E. (2000) Partial nutrient budgets for semi-intensive shrimp farms in Honduras. *Aquaculture*, **190**: 139-154.

Tepe, Y., Naz, M. e Türkmen, M. (2006) Utilization of Different Nitrogen Sources by Cultures of *Scenedesmus*

Acuminatus. Turkish Journal of Fisheries and Aquatic Sciences, **6**: *123-127.*

Teske, P. R. and Wooldridge, T. H. (2003) What limits the distribution of subtidal macrobenthos in permanently open and temporarily open/closed South African estuaries? Salinidade vs. tamanho das partículas do sedimento. *Estuarine, coastal and shelf science*. **57**: 225-238.

Thakur, D. P. and Lin, C. K. (2003) Water quality and nutrient budget in closed shrimp (*Penaeus monodon*) culture systems. *Aquacultural Engineering*, **27**: 159176.

Thomas, Y., Courties, C., El Helwe, Y., Herbland, A. e Lemonnier, H. (2010) Extensão espacial e temporal da eutrofização associada às descargas de águas residuais de viveiros de camarão na lagoa da Nova Caledónia. *Marine Pollution Bulletin*, **61**(7-12): 387-398.

Tian, X., Li, D. Dong, S. Yan, X., Qi, Z. Liu, G. e Lu, J. (2001) An experimental study on closed-polyculture of penaeid shrimp with tilapia and constricted tagelus. *Aquaculture,* **202**: 57-71.

Tomassetti, P. e Porrello, S. (2005) Polychaetes as indicators of marine fish farm organic enrichment. *Aquaculture International*, **13**: 109-128.

Tsutsumi, H., Srithongouthai, S., Inoue, A., Sato, A., and Hama, D. (2006) Seasonal fluctuations in the flux of particulate organic matter discharged from net pens for fish farming. *Fisheries Science*, **72**: 119-127.

Türkmen, G. e Kazanci, N. (2010) Aplicações de vários índices de diversidade a assembleias de macroinvertebrados bentónicos em riachos de um parque natural na Turquia. *BALWOIS* - Ohrid, República da Macedónia-25.

Turkoglu, M. (2010) Variações temporais do fitoplâncton de superfície, nutrientes e clorofila a nos Dardanelos (Sistema do Estreito da Turquia): uma amostra de estação costeira em intervalos de tempo semanais. *Jornal Turco de Biologia*, **34**: 319-333.

Ude, E. F., Ugwu, L. L. C., Mgbenka, B. O. e Nwani, C. D. (2011) Tendências na concentração de nitratenitrogénio, nitrito-nitrogénio e fósforo no rio Ebonyi, Nigéria. *Jornal Continental de Pescas e Ciências Aquáticas,* **5**(1): 17.

Vallarino, E. A. Rivero, M. S., Gravina, M. C. e Elias, R. (2002) A resposta a nível da comunidade ao impacto dos esgotos nos leitos intertidais de mitilídeos da

Southwestern Atlantic, and the use of the Shannon index to assess pollution *Revista de Biologia Marina y Oceanografia,* **37**(1): 25-33.

Vargas-Machuca, S. C., Ponce-Palafox, J. T., Arredondo-Figueroa, J. L., Châvez-Ortiz, E. A. e Vernon-Carter, E.J. (2008) Variação dos parâmetros físico-químicos da água nas gaiolas flutuantes de carapaus (*Lutjanus peru* e *L. guttatus*) cultivados em mar tropical. *Revista Mexicana de Ingenieria Quimica*, **7**, (3): 237-242.

Villnas, A., Perus, J. e Bonsdorff, E. (2011) Structural and functional shifts in zoobenthos induced by organic enrichment-Implications for community recovery potential. *Journal of Sea Research,* **65**: 8-18.

Wu, R. S. S. (1995) The environmental impact of marine fish culture: Towards a sustainable future. *Marine*

Pollution Bulletin, 159-166.

Wu, R. S. S., Lam, K. S., Mackay, D. W., Lau, T. C. e Yam, V. (1994) Impact of Marine Fish Farming on Water Quality and Bottom: A Case Study in the Sub-tropical Environment. *Marine Environmental Research,* **38**: 115145.

Wudtisin, I. and Boyd, C. E. (2006) Physical and chemical characteristics of sediments in catfish, freshwater prawn and carp ponds in Thailand. *Aquaculture Research*, **37**: 1202-1214.

Xia, L. Z., Yang, L. Z. e Yan, M. C. (2004) Nitrogen and phosphorus cycling in shrimp ponds and the measures for sustainable management. *Environmental Geochemistry and Health*, **26**: 245-251.

Yeo, S. E., Frederick, P., Binkowski, F. P. e Morris, J. E. (2004) Aquaculture Effluents and Waste By-Products. Centro Regional de Aquacultura do Centro-Norte, pp: 47.

Yokoyama, H. (2002) Impacto da piscicultura e da cultura de pérolas nos ambientes bentónicos da Baía de Gokasho: Avaliação das flutuações sazonais do macrobentos. *Ciência das Pescas,* **68**(2): 258-268.

Yokoyama, H., Abo, K. e Ishihi, Y. (2006) Quantifying aquaculture-derived organic matter in the sediment in and around a coastal fish farm using stable carbon and nitrogen isotope ratios. *Aquaculture,* **254**: 411-425.

Zia, M. Sharif, Mahmood, I. A., Aslam, M. Yasin, M. e Khan, M. A. (2001) Nitrogen Dynamics Under Aerobic and Anaerobic Soil Conditions. *International Journal of Agriculture & Biology*, **3**(4): 458-460.

LISTA DE APÊNDICES

LISTA DE QUADROS EM ANEXO

Tabela A1: Dados meteorológicos da ilha Mafia registados durante o período de estudo

Mês	Mínimo Temperatura (°C)	Máximo Temperatura (°C)	Média Temperatura (°C)	Precipitação (mm)
junho de 2008	21.1	29.1	25.1	33.6
julho de 2008	20.9	28.5	24.7	14.6
setembro, 2009	22.6	29.4	26.0	4.9
outubro, 2008	24.4	30.7	27.5	154.5
novembro, 2008	25.7	30.8	28.2	157.9
dezembro, 2008	25.7	31.4	28.5	65.7
janeiro, 2009	26.2	32.2	29.2	51.7
fevereiro, 2009	25.0	31.0	28.0	155.8
março, 2009	25.1	31.6	28.4	193.5
abril, 2009	24.3	31.3	27.8	410.7
maio, 2009	22.9	30.0	26.5	72.6
novembro, 2009	25.5	32.5	29.0	-
dezembro, 2009	25.7	32.5	29.1	130
janeiro, 2010	24.7	31.7	28.2	178.7
março, 2010	24.7	31.6	28.2	213.7

Fonte: Agência Meteorológica da Tanzânia (TMA)

LISTA DE PLACAS DE APÊNDICE

Placa 1: Riacho de entrada, um canal de abastecimento de água para os tanques de cultura de camarão

Placa 2: As florestas de mangue ao longo do riacho de entrada

Placa 3: A estação de bombagem de água

Placa 4: Os viveiros de cultura de camarão instalados com bancadas de alimentação

Placa 5: Medidor de água para determinar os níveis de água

Placa 6: Um tanque de cultura de camarões instalado com o número de arejadores de roda de pás

Placa 7: Os tanques de cultura de camarão instalados com um único arejador de roda de pás cada

Placa 8: Tanque de cultura de camarão recentemente colhido e drenado

Placa 9: O tanque de cultura de camarão colhido e seco

Placa 10: Um camião basculante carregado com os sedimentos de fundo secos do tanque de cultura de camarão colhido

MIX
Papier aus verantwortungsvollen Quellen
Paper from responsible sources
FSC® C105338

Printed by Books on Demand GmbH, Norderstedt / Germany